·机器视觉与类脑智能丛书·

人脸识别
原理与实战
—— 以MATLAB为工具 ——

主　编：王文峰　李大湘　王栋
副主编：王庆香　郭裕兰　DLG

电子工业出版社
Publishing House of Electronics Industry
北京·BEIJING

内 容 简 介

人脸识别是当前科技领域的高精尖技术。本书作为人脸识别技术的入门指南，在内容上尽可能涵盖了人脸识别的各个技术模块，并立足于作者在中国科学院、985 工程大学国家重点实验室从事视频识别与智能监控项目开发的研究积累及实战体验，分享了作者对人脸识别算法设计的一些亲身感触和认识。本书以问题为导向，将对人脸识别技术的研究与应用划分为入门、进阶和实战这三个阶段，层层拔高，完整再现了作者在人脸识别技术摸索阶段的一些简单尝试和心得体会，同时讲解了一些比较前沿的识别算法，并分享了作者对其算法思想的理解和体验，以及作者在技术开发实战阶段的感触和认识，涉及人脸识别系统设计、图像用户界面设计等内容。本书包含的所有案例均配有详细的代码注释，有助于读者深入理解人脸识别算法的设计思想，以具备大规模编程所需的技术模块设计和集成开发能力。

本书内容通俗易懂，适用于对人脸识别感兴趣但缺少专业基础和编程基础的读者。无论是对人脸识别技术感兴趣的技术人员，还是正在相关领域进行学习的大学生，都可以通过本书，轻松实现从零到进阶再到实战的技术成长，并体验阅读的乐趣！

未经许可，不得以任何方式复制或抄袭本书之部分或全部内容。

版权所有，侵权必究。

图书在版编目（CIP）数据

人脸识别原理与实战：以 MATLAB 为工具 / 王文峰，李大湘，王栋主编. —北京：电子工业出版社，2018.3
（机器视觉与类脑智能）
ISBN 978-7-121-33573-0

Ⅰ．①人… Ⅱ．①王… ②李… ③王… Ⅲ．①人脸识别－研究 Ⅳ．①TP391.41

中国版本图书馆 CIP 数据核字（2018）第 018434 号

策划编辑：张国霞
责任编辑：徐津平
印　　刷：北京盛通商印快线网络科技有限公司
装　　订：北京盛通商印快线网络科技有限公司
出版发行：电子工业出版社
　　　　　北京市海淀区万寿路 173 信箱　邮编　100036
开　　本：787×980　1/16　印张：17.5　字数：310 千字
版　　次：2018 年 3 月第 1 版
印　　次：2023 年 1 月第 6 次印刷
定　　价：79.00 元

凡所购买电子工业出版社图书有缺损问题，请向购买书店调换。若书店售缺，请与本社发行部联系，联系及邮购电话：（010）88254888，88258888。

质量投诉请发邮件至 zlts@phei.com.cn，盗版侵权举报请发邮件至 dbqq@phei.com.cn。

本书咨询联系方式：010-51260888-819　faq@phei.com.cn。

前 言

本书旨在介绍人脸识别应用中的关键技术问题,并与作者主持和参与的中国科学院西部之光项目(XBBS-2014-16)、国家自然科学基金项目(61602499)和国家千人计划项目(Y474161)等的研究积累相结合,深入浅出、循序渐进地解析 MATLAB 人脸识别中的算法思想、识别原理与高级编程技巧,力图使读者具备大规模编程所需的技术模块设计和集成开发能力,并能基于本书所讲解的 MATLAB 人脸识别算法设计思想、图形用户界面设计与调试等内容,更深刻地理解真实场景下的人脸识别技术体系。

本书特点

- **作者梯队完善,经验丰富**

本书的主编、副主编大多在中国科学院、"985 工程"大学的国家重点实验室负责机器学习、数字图像处理、智能安防、目标识别跟踪等项目的研发工作,还有部分专业基础过硬、实战经验丰富的优秀博士、硕士研究生也参与了本书主要章节的编写。

- **部分算法原创,研究价值较高**

本书集成了中国科学院西部之光项目(XBBS-2014-16)、国家自然科学基金项目(61602499)和国家千人计划项目(Y474161)等研发项目的部分可公开的研究成果,部分原创算法已被实现并收录到国际标准源代码库中,具有较高的研究价值。

- **循序渐进，易上手，配备完整的程序，可拓展性强**

本书从初等的函数用法讲起，逐步过渡到较高端的混合编程，并从经典的特征脸主成分分析方法逐步过渡到压缩感知和深度学习等人脸识别算法方面。其中，人脸建库、人脸检测跟踪识别和特定行为分析算法作为 MATLAB 混合编程的一个实例，本身就是一个完整、独立的机器学习与视觉感知技术模块，可拓展性强。本书还借助图形用户界面（GUI）提供了直观的界面演示，并且所有算法均配有完整的 MATLAB 程序，有助于读者系统且深入地理解算法设计思想，并延伸思考空间和拓展空间，达到触类旁通的效果。

内容架构

本书共分为 5 章，每章都分为 3 个阶段，以对人脸识别从入门到进阶再到实战这 3 个阶段的递进为主线，探讨了人脸识别的 5 个技术模块，引导读者对人脸识别算法的认知一步步变得成熟，也分享了作者在实战过程中的一些直观感受和认识。

【第 1 章】图像轮廓提取及人脸检测

第 1 阶段（入门）引导读者完成对图像轮廓提取的初步理解，并掌握 MATLAB 轮廓提取函数及与之关联的数字形态学运算函数的具体用法。第 2 阶段（进阶）引导读者进一步理解图像轮廓提取，并初步理解边缘检测算子，然后结合 haar-like 特征，让读者初步理解基于特征点的人脸检测思想。第 3 阶段（实战）涉及肤色概率建模和人脸检测实战，分享了作者在实战阶段对人脸检测算法设计思想、图形用户界面（GUI）系统设计及肤色参数设置等的一些感触和认识。实战本阶段的目标是通过以 GUI 方式显示人脸检测的用户操作界面，将基于肤色概率模型的人脸检测算法集成到图形用户接口，使读者可以方便地完成调试和应用。

【第 2 章】图像边界显示及人脸对齐

第 1 阶段（入门）引导读者完成对图像边界显示的初步理解，并掌握 MATLAB 的图像边界显示函数及其具体用法。第 2 阶段（进阶）引导读者进一步理解图像边界显示，并初步理解图像边界处理函数，然后结合 MATLAB 中的 regionprops 函数，初步尝试去度量图像区域的属性。第 3 阶段（实战）涉及空间几何变换、人脸对齐原理和人脸对齐实战等三部分，分享了作者在实战阶段对人脸对齐算法设计思想、建模思想及编程技巧等实战方面的一些感触和认识。实战阶段的目标是用 GUI 方式显示人脸对齐操作用户界面，将人脸对齐的经典算法集成到图形用户接口，生成读者可自如调试、编辑的图形用户界面（GUI）。

【第3章】图像采样编码及人脸重构

第1阶段（入门）引导读者完成对图像采样编码问题的初步理解，并掌握 MATLAB 图像采样编码函数及其具体用法。第2阶段（进阶）引导读者进一步理解图像采样编码，完成对人脸图像采样函数的理解与实现，并结合基于主成分分析方法的人脸模板生成技术，初步尝试理解 MATLAB 特征脸建库的基本流程。第3阶段（实战）涉及数据库初始化、遮挡区域验证和人脸重构实战等三部分，分享了作者对算法设计思想、建模思路的一些感触和认识，也分享了作者在 MATLAB 自定义函数设计、算法代码实现等方面的实战心得。实战阶段的目标是掌握可用于处理遮挡问题的人脸重构算法，会设计相关的 MATLAB 自定义函数并将其集成到图形用户界面（GUI），具备算法实现及相关 GUI 的编辑和开发能力。

【第4章】视频图像转换及人脸跟踪

第1阶段（入门）引导读者完成对视频图像转换问题的初步理解，并掌握 MATLAB 视频图像转换函数及其具体用法，并设计了一些自定义函数。第2阶段（进阶）引导读者进一步理解视频图像采样，理解视频压缩感知并初步实现视频压缩跟踪。第3阶段（实战）涉及混合编程接口、C++文件编译和人脸跟踪实战等三部分，分享了作者在实战阶段对人脸跟踪算法设计思想、实现过程及混编技巧等的一些感触和认识。实战阶段的目标是设计直观的人脸跟踪操作用户界面，并将视频压缩跟踪算法集成到人脸跟踪用户接口，生成可方便读者编辑的 GUI，并初步理解 MATLAB 混合编程思想和混编原理。

【第5章】类脑视觉认知及人脸识别

第1阶段（入门）引导读者完成对类脑视觉认知问题的初步理解，介绍与之关联的一些 MATLAB 函数及其具体用法，并初步介绍了一些自定义函数。第2阶段（进阶）引导读者进一步理解类脑视觉认知，并初步实现类脑视觉认知、类脑特征计算、类脑特征学习。第3阶段（实战）涉及深度学习实战、宽度学习实战和人脸识别实战等三部分，分别演示了深度学习、宽度学习在二维人脸识别中的效果，以及 RoPS 特征在三维人脸识别中的效果，分享了作者在实战阶段对人脸识别算法的设计思想、建模思想及编程技巧等的一些感触和认识。实战阶段的目标是用图形方式分别显示基于深度学习、宽度学习及 RoPS 的人脸识别操作用户界面，将人脸识别的经典算法集成到图形用户接口，生成读者可自如调试、编辑的图形用户界面（GUI）。

本书作者贡献

本书第 1 章主要由王文峰、刘庆昌、王经纬编写；第 2 章主要由王文峰、盛志强编写；第 3 章主要由王文峰、洪宇编写；第 4 章主要由王文峰、郭靓、杨波编写；第 5 章主要由王文峰、吴大刚、马亚坤编写。

在本书各章的实验设计、数据采集和代码整理的过程中，DLG 的部分参编人员（尤其是何姣姣、邵永胜）提供了一些基础支持；在各章的编写及审校过程中，郭裕兰、谢中华对算法思想、建模过程、程序代码进行了修改、补充与完善。各章节配套的 GUI 程序主要由王文峰设计，李大湘、王栋、王庆香也参与了部分章节 GUI 设计框架的探讨。何姣姣、刘帅奇、马海菲、邵永胜、王平、伍鹏、余维、曾凡玉、张锋、邹辉主要参与了文字撰写部分的讨论。

特别致谢

本书在人脸识别各技术模块的算法设计与实现方面，参考了一些重要的文献及其作者发布的开源代码，在这里，我们对他们的分享表示诚挚的谢意！他们提出的人脸检测、人脸对齐、人脸重构、人脸跟踪、人脸识别算法有很明显的创新性和借鉴意义，感谢他们对人脸识别技术的重大贡献！感谢南京信息工程大学信息与控制学院张开华教授，本书人脸跟踪部分的代码援引、整合了张教授论文中的部分开源代码，感谢他的帮助与指导！

感谢国际系统与控制科学院院士、中国自动化学会副理事长、SCI 期刊 IEEE Systems, Man, and Cybernetics Society（SMCS）主编、系统人机及智能学会国际资深主席、澳门大学陈俊龙教授（C. L. Philip Chen）的大力支持与帮助！在本书的编写期间，陈教授创立了宽度学习算法（Broad Learning），并第一时间在 DLG 分享了其 MATLAB 开源代码，使我们有机会将宽度学习算法应用于人脸识别领域，并拓展了本书的核心模块。感谢香港理工大学张磊教授同意在本书第 3 章中援引和编译其论文中人脸重构的部分开源代码，感谢他的帮助！

感谢国际模式识别技术委员会主席（IEEE SMC）、国际模式识别学会院士（IAPR Fellow）、国际电机及电子工程师学会院士（IEEEFellow）、澳门大学唐远炎教授对本书的认可与支持！唐教授是我国模式识别领域的奠基人之一。在了解到我们正在编写一本完全面向初学者的人脸识别编程类书籍之后，唐教授欣然同意为本书写评论，非常感谢他。

前　言

本书还得到了 MATLAB 中文论坛、哈工大机器人（合肥）国际创新研究院、中国科学院新疆生态与地理研究所、新疆维吾尔自治区科技厅、中国人民解放军国防科技大学、西安邮电大学、广州中医药大学等单位领导和同事的大力支持，在此对他们表示衷心感谢。本书写作之初还得到了电子工业出版社博文视点张国霞编辑的鼓励和支持，在此深表谢意。感谢刘衍琦老师在 GUI 程序设计方面给予的协助和指导！

感谢所有家人的默默支持！感谢中国科学院西部之光项目（XBBS-2014-16）、国家自然科学基金项目（61602499）和国家千人计划项目（Y474161）等项目的支持。在本书的审校过程中还得到了中国自动化学会认知计算与系统专委会、中国人工智能学会认知系统与信息处理专委会、中国人工智能学会智能机器人专委会的支持，在此一并致谢！

由于时间仓促，加之作者水平和经验有限，书中难免出现疏漏甚至错误之处，希望广大读者批评指正，您的建议将是我们创作和研究的最大动力与源泉。

全体作者

2018 年 1 月

轻松注册成为博文视点社区用户（www.broadview.com.cn），扫码直达本书页面。

- **下载资源**：本书如提供示例代码及资源文件，均可在下载资源处下载。
- **提交勘误**：您对书中内容的修改意见可在提交勘误处提交，若被采纳，将获赠博文视点社区积分（在您购买电子书时，积分可用来抵扣相应金额）。
- **交流互动**：在页面下方读者评论处留下您的疑问或观点，与我们和其他读者一同学习交流。

页面入口：http://www.broadview.com.cn/33573

目 录

第 1 章 图像轮廓提取及人脸检测 ... 1

1.1 第 1 阶段：入门 ... 2
- 1.1.1 轮廓提取问题 ... 2
- 1.1.2 轮廓提取函数 ... 3
- 1.1.3 数学形态学运算 ... 8

1.2 第 2 阶段：进阶 ... 13
- 1.2.1 边缘检测算子 ... 13
- 1.2.2 haar-like 特征 ... 23

1.3 第 3 阶段：实战 ... 27
- 1.3.1 肤色概率建模 ... 27
- 1.3.2 人脸检测实战 ... 32

第 2 章 图像边界显示及人脸对齐 ... 41

2.1 第 1 阶段：入门 ... 42
- 2.1.1 边界显示问题 ... 42
- 2.1.2 边界显示函数 ... 43

2.2 第 2 阶段：进阶 ... 55
- 2.2.1 图像边界处理 ... 55

  2.2.2 区域属性度量..................63
 2.3 第3阶段：实战..................68
  2.3.1 空间几何变换..................68
  2.3.2 人脸对齐原理..................70
  2.3.3 人脸对齐实战..................77

第 3 章 图像采样编码及人脸重构   85

 3.1 第1阶段：入门..................86
  3.1.1 采样编码问题..................86
  3.1.2 采样编码函数..................87
 3.2 第2阶段：进阶..................103
  3.2.1 人脸图像采样..................103
  3.2.2 人脸模板生成..................115
 3.3 第3阶段：实战..................119
  3.3.1 数据库初始化..................119
  3.3.2 遮挡区域验证..................125
  3.3.3 人脸重构实战..................132

第 4 章 视频图像转换及人脸跟踪   140

 4.1 第1阶段：入门..................141
  4.1.1 视频转换问题..................141
  4.1.2 视频转换函数..................142
 4.2 第2阶段：进阶..................155
  4.2.1 视频压缩感知..................155
  4.2.2 视频压缩跟踪..................165
 4.3 第3阶段：实战..................167
  4.3.1 混编环境配置..................167

    4.3.2　C++文件编译 169
    4.3.3　人脸跟踪实战 176

第 5 章　类脑视觉认知及人脸识别　　197

  5.1　第 1 阶段：入门 198
    5.1.1　类脑认知问题 198
    5.1.2　类脑认知函数 200
  5.2　第 2 阶段：进阶 214
    5.2.1　类脑视觉认知 214
    5.2.2　类脑特征计算 217
    5.2.3　类脑特征学习 224
  5.3　第 3 阶段：实战 232
    5.3.1　深度学习实战 232
    5.3.2　宽度学习实战 246
    5.3.3　人脸识别实战 255

第 1 章
图像轮廓提取及人脸检测

  大脑能准确地识别人脸，是因为大脑里存有人们熟悉的面部轮廓。因此，我们可以从图像轮廓提取开始摸索人脸识别算法，而眼睛、鼻子和嘴巴是人最主要的三个面部特征，我们一般采用 haar-like 特征进行人脸检测。在后续章节中我们还将看到，人脸识别一般是在人脸检测和面部轮廓提取的基础上，将这些关键部位的边缘特征、线性特征、中心特征和对角线特征进行组合，生成特征模板，进而借助主成分分析建立人的面部模型，用于构建机器学习的基础数据库。人脸一般都暴露在外，而其他皮肤的暴露程度则取决于着装的差异，所以最初的算法是通过检测皮肤来检测人脸的。考虑到初学者的特殊情况，本章从最简单的肤色概率模型入手和实战，循序渐进地理解人脸检测的算法思想。

1.1 第1阶段：入门

1.1.1 轮廓提取问题

特征脸建库与人脸检测的最终目标是人脸识别。常见的人脸识别算法主要可以归纳为三类：基于几何特征的识别算法、基于模板的识别算法和基于模型的识别算法。其中，基于几何特征的识别算法最容易被人们理解，也是传统算法，但是通常需要和其他算法结合才能有比较好的识别效果；基于模板的识别算法可以分为基于相关匹配的算法、特征脸算法、线性判别分析算法、奇异值分解算法、神经网络算法和动态连接匹配算法等；基于模型的识别算法则有基于隐马尔可夫模型、主动形状模型和主动外观模型的算法等。笔者认为人脸识别有特征脸建库、人脸检测、人脸识别等三个环节，每种算法都以人脸检测为前提，更将特征脸建库和人脸检测视为人脸识别入门阶段首要考虑的问题，并且对这一问题的初步解读是：机器视觉系统像大脑一样，记住了某个人或某些人，就会把他（她）或他们的面部特征存入脑海，构建特征脸的数据集，而在机器视觉系统的前端（用于图像或视频采集的监控摄像头）检测到外界的每一张人脸后，都会从视频或全景图像中提取这些人脸图像并传输到后端（集成了用于人脸识别的各类算法），完成人脸识别。

人脸可以用几何特征描述，是因为人脸由眼睛、鼻子、嘴巴、下巴等关键部位构成，正因为这些部位在形状、颜色、大小和结构上有各种差异，才使得我们看到世界上千差万别的面孔。因此笔者一开始将对人脸特征的描述理解为对这些关键部位的形状、结构关系及颜色特征的几何描述，之后在网络上搜索资料，发现大部分文档的作者在对人脸特征建库的理解上与笔者大致相同。事实上，在图像的视觉特征研究领域，形状特征因为更接近人的视觉特点，一直是人们的研究重点。那么如何实现这些几何特征的提取呢？笔者认为，首先要从完整的人脸图像中尝试检测这些关键部位的轮廓，这自然就引出了人脸图像轮廓提取的问题。

1.1.2 轮廓提取函数

眼睛、鼻子、嘴巴、下巴等关键部位的形状边缘可以反映很多信息，所以在研究人脸图像的特征时有必要提取这些关键部位的边缘轮廓，以便之后进一步深入分析。下面，我们先看看 MATLAB 是如何完成轮廓提取的。在 MATLAB 的视频图像处理工具箱中有很多集成的边缘函数，可以帮助我们方便地提取图像的轮廓。在 MATLAB 中有提取图形轮廓的函数 bwperim，但只针对二值图像 BW。借助 bwperim 函数提取图形轮廓时，需要先对灰度图像进行二值化。我们知道图像的各像素点的灰度值是连续变化的，需要选定合适的阈值（threshold）进行二值化（例如，小于阈值时为黑色，大于阈值时为白色）。

bwperim 函数的主要功能是查找二值图像的边缘，主要有以下三种用法：

```
BW2 = bwperim(BW1)
BW2 = bwperim(BW1,conn)
BW2 = bwperim(BW1,conn)
%表示从输入图像 BW1 中返回只包括对象边缘像素点的图像
```

其中，conn 参数值可以是 4（4 邻域）、6（6 邻域）、8（8 邻域），对三维图像还可能是 18（18 邻域）、26（26 邻域）。常用的 MATLAB 代码示例如下：

```
I = imread('1.jpg');BW1=im2bw(I);%二值化
BW2 = bwperim(BW1,8);
imshow(BW1)
figure, imshow(BW2)
```

运行结果如图 1-1 所示。

还可以调用 subplot 函数，将两幅图合并显示：

```
I = imread('1.jpg');BW1=im2bw(I);%二值化
BW2 = bwperim(BW1,8);
subplot(1,2,1);imshow(BW1);title('binary image');
subplot(1,2,2), imshow(BW2);title('bwperim result');
```

运行结果如图 1-2 所示。

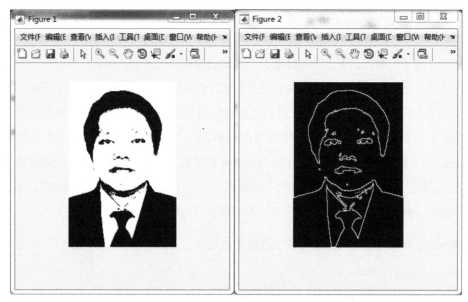

图 1-1　bwperim 函数的运行结果演示（独立显示）

图 1-2　bwperim 函数的运行结果演示（合并显示）

由图 1-1、图 1-2 可以看出，通过 bwperim 函数不仅可以提取外轮廓，还可以提取图形区域内部的孔洞所围成的内部边缘。如果只想得到外形轮廓，就需要先进行填洞操作（通过 imfill 函数），后进行膨胀操作（通过 imdilate 函数），去除孔洞。

imfill 函数（记忆窍门：image+fill）主要用于填充图像区域和孔洞，它的主要调用格式如下：

```
BW2 = imfill(BW)
```

这是一种交互式的运行格式，imfill 函数会将一张二值图像显示在屏幕上，我们在想填充某些区域时，可以用鼠标在图像上的相应区域点几个点，这些点围成的区域就是我们想填充的区域。我们还可以通过按 Backspace 键或者 Delete 键来取消之前选择的区域，也可通过在按 Shift 键的同时单击鼠标左键（或者通过鼠标右键单击或双击）确定选择区域。这种交互方式显然很方便，但必须指出的是，这里 BW 必须是二维图像。我们也可以提前指定样点的索引值：

```
[BW2,locations] = imfill(BW)%返回样点的索引值。注意，这里的索引值不是样点的坐标
BW2 = imfill(BW,locations)%指定样点的索引值
```

注意，Locations 也可以是一个多维数组，其中，数组的每一行分别指定一个区域。我们还可以不做这么细致的选择，直接填充孔洞：

```
BW2 = imfill(BW,'holes')
%填充二值图像中的空洞区域。例如，在黑色区域有个白色的圆圈，则圆圈内的区域将被黑色填充
I2 = imfill(I)%这种调用格式将填充灰度图像中的所有空洞区域
BW2 = imfill(BW,locations,conn)%按照给定的邻域填充
```

这里给出关于 imfill 函数用法的一个完整程序示例：

```
close all;
clear; clc;
BW1 = im2bw(imread('1.jpg'));
BW2 = imfill(BW1,'holes');
subplot(121),
imshow(BW1),
```

```
title('im2bw result')
subplot(122),
imshow(BW2),
title('imfill result')
```

运行结果如图 1-3 所示。

图 1-3　imfill 函数的运行结果演示（合并显示）

显然，仅靠 imfill 函数进行填洞操作，不能得到我们想要的结果，因此必须与膨胀结合。膨胀是在二值化图像中"加长"或"变粗"的操作，我们可以利用 MATLAB 的 imdilate 函数执行膨胀运算，这里直接给出一个完整的程序示例：

```
a= im2bw(imread('1.jpg'));%输入二值图像
b=[0 1 0;1 1 1;0 1 0];%参数设置
c=imdilate(a,b);%膨胀操作
imshow(c)%显示运行结果
```

运行结果如图 1-4 所示。

图 1-4 imdilate 函数的运行结果演示

我们通过图 1-1 和图 1-2 了解到,bwperim 函数在提取外轮廓的同时,会提取图形区域内部的孔洞所围成的内部边缘。如果只想得到外形轮廓而并不关注更细致的内部信息,就需要多做两个预处理:首先用 imfill 函数进行填洞操作,然后用 imdilate 函数进行膨胀操作,去除孔洞。完整的 MATLAB 代码如下:

```
close all; clear; clc;
BW1 = im2bw(imread('1.jpg')); I = imread('1.jpg');
IBW = ~BW1;F1 = imfill(IBW,'holes');SE = ones(3);%填洞
F2 = imdilate(F1,SE,'same');BW3 = bwperim(F2);%膨胀后提取轮廓
subplot(1,2,1);imshow(I);title('original image');
subplot(1,2,2), imshow(BW3);title('bwperim result');
```

运行结果如图 1-5 所示。

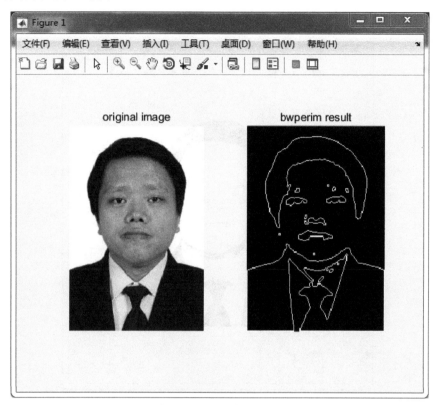

图 1-5　bwperim 函数运行结果演示（填洞+膨胀）

1.1.3　数学形态学运算

与 bwperim 函数相关联的还有 MATLAB 函数 bwmorph，这个函数的功能是对二值图像进行数学形态学运算（Mathematical Morphology，我们不妨以"bw+morph"来记住 bwmorph 函数）。bwmorph 函数的调用格式如下：

```
BW2 = bwmorph(BW,operation)%对二值图像进行指定的形态学处理
BW2 = bwmorph(BW,operation,n)%进行 n 次指定的形态学处理，如果需要一直对该图像做同样的
形态学处理直到图像不再发生变化，则可以取 n 值为 Inf（为"无穷大"的英文 Infinity 的简写）。
```

其中，operation 用于指定要进行的形态学处理类型，具体的可选字符串值如下。

- 'bothat'：进行"bottom hat"运算，就是数学形态学中的"底帽"变换操作，返回的图像是原图像减去形态学闭操作处理后的图像（闭操作就是先膨胀再腐蚀）。

- 'branchpoints'：找到图像骨架中的分支点。

- 'bridge'：进行图像像素的连接操作。

- 'clean'：去除孤立的亮点，比如，在图像中有一个像素点，像素值为 1，若其周围像素的像素值全为 0，则在图像中将这个孤立的亮点去除。

- 'close'：对图像进行形态学闭运算（即先腐蚀后膨胀）。

- 'diag'：采用对角线填充图像，去除 8 邻域的背景。

- 'dilate'：用结构元素 ones(3)对图像进行膨胀运算。

- 'endpoints'：找到图像骨架中的结束点。

- 'erode'：用结构元素 ones(3)对图像进行腐蚀运算。

- 'fill'：填充图像中孤立的黑点（二值图的灰度值为 0），比如在 3×3 的矩阵中，若除了中间的元素为 0，其余元素全部为 1，则这个 0 将被填充为 1（即黑点变成了白点）。

- 'hbreak'：用于断开图像中的 H 型连接。

- 'majority'：少数服从多数，换而言之，如果一个像素的 8 邻域中有不少于 5 个像素点的像素值为 1，则将该点的像素值置为 1。

- 'open'：对图像进行形态学开运算（即先膨胀后腐蚀）。

- 'remove'：用于图像边界处理，其算法思想是将图像边界像素上的 1（黑点）保留下来，换而言之，如果一个像素点的 4 邻域都为 1，则该像素点将被置为 0。

- 'skel'：在骨架提取时保持图像中的物体不发生断裂，不改变图像的欧拉数，其中 n=Inf。

- 'spur'：用于去除小的分支，也可理解为去掉"毛刺"（电学术语）。

- 'thicken'：通过在图像边界上添加像素来达到加粗物体轮廓的目的，其中 n = Inf。
- 'thin'：对图像进行细化操作，其中 n = Inf。
- 'tophat'：对图像进行"top hat"形态学运算，就是数学形态学中的"顶帽"变换操作，返回的图像是原图像减去形态学开操作处理之后的图像（开操作：先腐蚀再膨胀）。

下面结合一套简单的代码演示 bwmorph 函数的用法及其不同的形态学处理类型（operation）的处理结果。通过这些简单的调试运行，可以快速理解和掌握该函数的用法。

```
%关闭正在运行的MATLAB程序及图像
close all;
%清除空间变量信息，包括赋值信息
clear;
%清屏
clc;
BW = im2bw(imread('1.jpg'));  %读取二值图
%画图：原图与19种形态学处理结果合并显示
subplot(4,5,1),
imshow(BW); title('original');
subplot(4,5,2),
BW2 = bwmorph(BW,'bridge');
imshow(BW2); title('brige');
subplot(4,5,3),
BW3 = bwmorph(BW,'clean');
imshow(BW3); title('clean');
subplot(4,5,4),
BW4 = bwmorph(BW,'close');
imshow(BW4); title('close');
subplot(4,5,5),
BW5 = bwmorph(BW,'diag');
imshow(BW5); title('diag');
subplot(4,5,6),
BW6 = bwmorph(BW,'dilate');
imshow(BW6); title('dilate');
subplot(4,5,7),
```

```
BW7 = bwmorph(BW,'endpoints');
imshow(BW7); title('endpoints');
subplot(4,5,8),
BW8 = bwmorph(BW,'erode');
imshow(BW8); title('erode');
subplot(4,5,9),
BW9 = bwmorph(BW,'branchpoints');
imshow(BW9); title('branchpoints');
subplot(4,5,10),
BW10 = bwmorph(BW,'bothat');
imshow(BW10); title('bothat');
subplot(4,5,11),
BW11 = bwmorph(BW,'fill');
imshow(BW11); title('fill');
subplot(4,5,12),
BW12 = bwmorph(BW,'majority');
imshow(BW12); title('majority');
subplot(4,5,13),
BW13 = bwmorph(BW,'open');
imshow(BW13); title('open');
subplot(4,5,14),
BW14 = bwmorph(BW,'remove');
imshow(BW14); title('remove');
subplot(4,5,15),
BW15 = bwmorph(BW,'spur');
imshow(BW15); title('spur');
subplot(4,5,16),
BW16 = bwmorph(BW,'skel',Inf);
imshow(BW16); title('skel');
subplot(4,5,17),
BW17 = bwmorph(BW,'thicken',Inf);
imshow(BW17); title('thicken');
subplot(4,5,18),
BW18 = bwmorph(BW,'thin',Inf);
imshow(BW18); title('thin');
subplot(4,5,19),
BW19 = bwmorph(BW,'tophat');
imshow(BW19); title('tophat');
```

```
subplot(4,5,20),
BW19 = bwmorph(BW,'hbreak');
imshow(BW19); title('hbreak');
```

运行结果如图 1-6 所示。

图 1-6　bwmorph 函数运行结果演示（19 种形态学处理）

轮廓提取是面部特征建库的基础。本节结合初等的 MATLAB 函数用法，分享了笔者在人脸及其关键部位的轮廓提取问题摸索阶段的一些简单尝试和心得体会。至此，我们对 MATLAB 图像轮廓提取及数字形态学的算法思想和基本函数用法都有了初步认识。关于 MATLAB 的人脸轮廓提取其实还有更丰富的内容，因篇幅有限，这里不再一一赘述。感兴趣的读者可以在网络上用"MATLAB 轮廓提取"等关键词搜索相关文档,获取更多的资源,也可与笔者互动和交流。

1.2 第 2 阶段:进阶

1.2.1 边缘检测算子

人们对人脸识别算法的研究,本身就是不断摸索和改进的过程,一些古老且局限性明显的算法注定会被淘汰,全新的高效率识别算法会逐步成为主流,这也符合技术发展的一般规律。人脸识别算法的改进,还可以体现为对一些细节的改进。例如,有些研究指出,对人脸轮廓的提取也可以借助边缘检测实现,并且构造了边缘检测算子。

在 MATLAB 里,边缘检测主要通过 edge 函数进行,调用格式如下:

```
Bw = edge(I,'methodname')%第 1 个参数为要提取轮廓的图像,第 2 个参数为使用的算子
```

通过不同的算子提取轮廓的效果略有不同。MATLAB 主要采用 5 种算子进行边缘检测,这 5 种算子分别为 sobel 算子、roberts 算子、prewitt 算子、log 算子和 canny 算子。

sobel 算子是个离散的一阶差分算子,其原理是计算图像亮度函数一阶梯度的近似值,在图像的任何一点使用此算子,将会产生该点对应的梯度矢量或法矢量。sobel 算子的提出者 Irwin Sobel 在该算子产生多年后才详尽地谈到它的由来和定义。有趣的是,对于这个著名的 sobel 边缘检测算子,Irwin Sobel 甚至没有公开发表过任何论文,而是在 1968 年的一次博士生课题讨论会上提出"*A 3×3 Isotropic Gradient Operator for Image Processing*",然后 sobel 算子在 1973 年出版的一本专著 *Pattern Classification and Scene Analysis* 的脚注里作为注释出现。看来还是应验了一句老话:是金子总会发光的!

这里给出利用 sobel 算子进行边缘检测提取图像轮廓的一个示例:

```
close all;clear all;
I=im2bw(imread('1.jpg')); BW1=edge(I,'sobel'); %用 sobel 算子进行边缘检测
```

```
figure; %显示图像:
subplot(1,2,1), imshow(I);title('original image');
subplot(1,2,2), imshow(BW1);title('sobel result');
```

运行结果如图 1-7 所示。

图 1-7　edge 函数边缘检测结果演示（sobel 算子）

roberts 算子（又称罗伯茨算子）是一种利用局部差分算子寻找边缘的算子。1963 年，Roberts 提出了这种寻找边缘的算子，他采用对角线方向相邻两像素之差的近似梯度幅值检测边缘。检测垂直边缘的效果好于斜向边缘，定位精度高，对噪声敏感，无法抑制噪声的影响。换而言之，roberts 边缘算子是一个 2×2 的模板，采用的是对角方向相邻的两个像素之差。从图像处理的实际效果来看，边缘定位较准，对噪声敏感。

这里给出利用 roberts 算子进行边缘检测提取图像轮廓的一个示例：

```
close all; clear all;
I=im2bw(imread('1.jpg')); BW1=edge(I,'roberts'); %用roberts算子进行边缘检测
figure;
subplot(1,2,1), imshow(I);title('original image');
subplot(1,2,2), imshow(BW1);title('roberts result');
```

运行结果如图 1-8 所示。

图 1-8 edge 函数边缘检测结果演示（roberts 算子）

prewitt 算子是一种一阶微分算子的边缘检测，该算子假设凡是灰度值大于或等于阈值的像素点都是边缘点。利用图像像素点上下、左右邻点的灰度差，在边缘处达到极值检测边缘，去掉部分伪边缘，对噪声具有平滑作用。其原理是在图像空间利用两个方向模板与图像进行邻域卷积来完成，这两个方向模板一个检测水平边缘，一个检测垂直边缘。换而言之，prewitt 算子会选择适当的阈值 T，若像素灰度值 $P(i,j) \geqslant T$，则像素点(i,j)为边缘点，$P(i,j)$为边缘图像。

这种判定是不合理的，会造成边缘点的误判，因为许多噪声点的灰度值也很大，而且对于幅值较小的边缘点，其边缘反而丢失了。

这里给出利用 prewitt 算子进行边缘检测提取图像轮廓的一个示例：

```
close all;
clear all;
%读取图像
I=im2bw(imread('1.jpg'));
%用 prewitt 算子进行边缘检测
BW1=edge(I,'roberts');
%显示图像:
figure;
%1 行 2 列合并显示
%第 1 列为原始图像
subplot(1,2,1),
imshow(I);
title('original image');
%第 2 列为边缘检测的结果
subplot(1,2,2),
imshow(BW1);
title('prewitt result');
```

运行结果如图 1-9 所示。

log 边缘检测算子是 David Courtnay Marr 和 Ellen Hildreth 在 1980 年共同提出的。因此，这个边缘检测算子也被称为 Marr & Hildreth 算子。该算法首先对图像做高斯滤波，然后求其拉普拉斯（Laplacian）二阶导数，即图像与 Laplacian of the Gaussian function 进行滤波运算，最后，通过检测滤波结果的零交叉（Zero crossings）可以获得图像或物体的边缘，因此也被业界称为 Laplacian-of-Gaussian（log）算子及高斯拉普拉斯函数。log 算子的提出者 David Marr 是英国著名的神经系统方面的科学家（Neuroscientist）和心理学家（Psychologist），他综合心理学、人工智能、神经生理学等成果研究了一系列新的视觉处理模型，使得计算机视觉学科中关于兴趣机制的研究开始复苏，对后来计算神经科学的发展也产生了极大影响。

图 1-9　edge 函数边缘检测结果演示（prewitt 算子）

计算机视觉领域最负盛名的奖项之一 Marr 奖就是以 David Marr 的名字命名的，并在两年一届的视觉领域顶级会议 ICCV（IEEE International Conference on Computer Vision）上评选。Ellen C. Hildreth 则在麻省理工学院（Massachusetts Institute of Technology，MIT）计算机科学系取得本科、硕士、博士学位，是 MIT 人脑、记忆与机器智能中心的杰出科学家。log 算子源于 D.Marr 计算视觉理论中提出的边缘提取思想，即首先对原始图像进行最佳平滑处理，以更大程度地抑制噪声，再对平滑后的图像求取边缘。log 算子可以说是效果更好的边缘检测器，这是因为噪声点一般都是灰度与周围点相差很大的像素点，对边缘检测是有一定影响的。log 算子将 Gauss 平滑滤波器和 Laplacian 锐化滤波器相结合，先平滑掉噪声，再进行边缘检测，所以边缘检测的结果会更加准确。因其到中心的距离与位置加权系数的关系曲线像墨西哥草帽的剖面，所以也叫作墨西哥草帽滤波器。下面是利用 log 算子进行边缘检测提取图像轮廓的一个示例：

```
close all;
clear all;
%读取图像
I=im2bw(imread('1.jpg'));
%用log算子进行边缘检测，一般采用5×5的模板
BW1=edge(I,'log');
%显示图像
figure;
%1行2列合并显示

%第1列为原始图像
subplot(1,2,1),
imshow(I);
title('original image');
%第2列为边缘检测结果
subplot(1,2,2),
imshow(BW1);
title('log result');
```

运行结果如图1-10所示。

canny边缘检测算子是著名科学家John F. Canny于1986年开发出来的一种多级边缘检测算法。在此基础上，Canny还创立了边缘检测计算理论（Computational Theory of Edge Detection），具体解释边缘检测技术的工作原理。Canny尝试找到一个最优的边缘检测算法，而他对于最优边缘检测算法的定义包括如下三层含义。

（1）能尽可能多地标识出图像中的实际边缘（漏检最少）。

（2）标出的边缘要尽可能接近实际图像中的实际边缘（定位最好）。

（3）图像边缘不能重复标识，并且可能存在的图像噪声不应被标识为边缘（误差最小）。

canny边缘检测算法的核心思想是采用变分法（一种寻找满足特定功能的函数的方法），将最优检测表达成4个指数函数项的和，这与高斯函数的一阶导数非常近似。该算法的具体实现步骤如下。

图 1-10　edge 函数边缘检测结果演示（log 算子）

- 第 1 步，去噪声。对原始数据与高斯平滑模板作卷积，使得任一单独的像素噪声在经过高斯平滑的图像上变得几乎没有影响。不足之处是与原始图像相比，得到的图像轻微模糊（blurred）。

- 第 2 步，寻找图像中的亮度梯度（因为图像中的边缘可能会指向不同的方向）。用 4 个 mask 检测水平、垂直及对角线方向的边缘，并将原始图像与每个 mask 所做的卷积都存储起来，然后将每个点标识在这个点上的最大值及边缘生成的方向（代表该点的亮度梯度图及亮度梯度的方向）。

- 第 3 步，滞后阈值。在图像中跟踪边缘较高的亮度梯度有可能是边缘，但没有一个确切的值来限定多大的亮度梯度可判定为边缘，这里用高、低两个阈值界定。一般图像的主要边缘都是连续的，因此，不妨从一个较大的阈值开始，用一个较小的阈值跟踪给定曲线的模糊部分直到回到起点。同时，避免将未组成曲线的噪声像素当作边缘，先标识出比较确信的真实边缘，然后使用前面导出的方向信息，从这些真正的边缘着手跟踪整个边缘，得到一个二值图像，像素点的灰度值代表是否是一个边缘点（例如，边缘为黑色，灰度值为1）。

需要指出的是，虽然使用两个阈值比使用一个阈值更加灵活，但还是存在阈值的共性问题：将阈值设置得过高，可能会漏掉重要信息；将阈值设置得过低，又将会把细枝末叶的信息看得过于重要。因此，很难给出一个适用于所有图像的通用阈值。目前，还没有一个经过验证的实现方法。canny 算子的主要优势是适用于不同的场合，这是因为它的参数允许根据不同实现的特定要求进行调整，以识别不同的边缘特性。

下面给出利用 canny 算子进行边缘检测提取图像轮廓的一个示例：

```
close all; clear all;
I=im2bw(imread('1.jpg')); %读取图像
BW1=edge(I,'canny'); %用 canny 算子进行边缘检测
figure; %显示图像;1 行 2 列合并显示
subplot(1,2,1),imshow(I);title('original image'); %第 1 列为原始图像
subplot(1,2,2),imshow(BW1);title('canny result'); %第 2 列为边缘检测结果
```

运行结果如图 1-11 所示。

不难看出，利用 edge 函数进行边缘检测与利用 bwperim 函数进行轮廓提取的结果相似，但边缘检测与轮廓提取的原理并不一样。轮廓提取主要是从一个种子点出发，通过搜索找到闭合的轮廓，而边缘检测主要是从图像边缘在像素上变化很大的点着手，用微分的方法找到边缘。边缘检测的目标是标识数字图像中亮度变化明显的点。图像属性中的显著变化通常反映了属性的重要事件和变化。换而言之，检测得到的边缘一般是图像在某一局部强度剧烈变化的区域。

与 bwperim 函数类似，在利用 edge 函数进行边缘检测并提取外轮廓的同时，也会提取图形区域内部的孔洞所围成的内部边缘。如果只想得到外形轮廓而并不关注更细致的内部信息，就需要进行两个预处理：首先用 imfill 函数进行填洞操作，然后用 imdilate 函数进行膨胀操作，经过这两个步骤去除孔洞后，再进行边缘检测。

第1章 图像轮廓提取及人脸检测

图 1-11 edge 函数边缘检测结果演示（canny 算子）

完整的 MATLAB 代码如下：

```
close all;
clear all;
%读取图像
I=im2bw(imread('1.jpg'));
%填洞
I1 = ~I;
I2 = imfill(I1,'holes');
%膨胀
SE = ones(3);
I3 = imdilate(I2,SE,'same');
%用 canny 算子进行边缘检测
```

```
BW1=edge(I3,'canny');
%显示图像
%1 行 2 列合并显示
figure;
subplot(1,2,1),
%第 1 列为原始图像
imshow(I);
title('original image');
%第 2 列为边缘检测结果
subplot(1,2,2),
imshow(BW1);title('canny result');
```

运行结果如图 1-12 所示（与图 1-11 相比，效果更理想）。

图 1-12　edge 函数边缘检测结果演示（填洞+膨胀）

1.2.2 haar-like 特征

几何特征最早用于人脸侧面轮廓的描述与识别，基本算法思想是首先根据侧面轮廓曲线确定若干显著点，然后由这些显著点导出一组用于识别的特征度量（例如距离、角度等）。换而言之，基于几何特征的人脸识别局限于最简单的正面人脸，其一般原理是将眼睛、鼻子、嘴巴、下巴等重要特征点的位置和这些关键部位的几何形状提取出来作为判定人脸图像的分类特征，通过人脸图像的分类实现对人脸的检测与识别。那么，在轮廓提取和边缘检测的基础上，如何对眼睛、鼻子、嘴巴、下巴等这些关键部位进行定位呢？

大脑能准确地识别人脸，是因为人的脑海里有自己熟悉的面部特征。不妨将机器人脸识别算法的核心思想解读为：先将检测到的所有人脸都投影到特征脸子空间，然后通过每张人脸投影点所在的位置及投影线的长度进行判定和识别。因此，人脸识别算法的入门可以从特征脸建库开始。眼睛、鼻子和嘴巴的轮廓特征是人最主要的三个面部特征，我们一般采用 haar-like 特征的方法进行研究，将这些关键部位的边缘特征、线性特征、中心特征和对角线特征进行组合，生成特征模板。在此基础上可以借助主成分分析建立人的面部模型，先把一批人脸图像转换成一个特征向量集，称之为"Eigenfaces"，即"特征脸"，构建机器学习的基础数据库。下面简要介绍通过 haar-like 特征提取进行人脸关键部位定位的基本原理。

早期的 haar-like 特征被解读为由若干个矩形形成的特征，例如由两个矩形形成的特征是边缘特征，由三个矩形形成的特征是线性特征，由四个矩形形成的特征是对角线性特征。后来对角线特征被替换为中心环绕特征和特殊的对角线性特征，因此扩展的 haar-like 特征可以分为四种不同性种类的特征。利用 haar-like 特征进行人脸检测，可分为 haar-like 特征提取、haar-like 关键点显示及 haar-like 特征人脸检测等三部分。其中 haar-like 特征提取的代码如下：

```
%此代码定义 get_haar_like_feature 函数
%这个函数名不难理解,就是提取 haar-like 特征
%函数名是保存后 m 文件的默认名称
function loc = get_haar_like_feature(imageFile) %函数命名
if nargin < 1 %nargin 是用来判断输入变量个数的函数
    imageFile = fullfile(pwd, 'images/1.jpg');
```

```matlab
end %加载要处理的图像
I = imread(imageFile);
%灰度处理
if ndims(I) == 3
    I = im2double(rgb2gray(I));
else
    I = im2double(I);
end %至此已完成图像预处理
%命令构建
%调用应用包haar-like.exe，请参阅本书配套程序与数据
%应用包haar-like.exe的运行又调用了OpenCV做的dll文件，请参阅本书配套程序与数据
command = '!HaarLike ';
command = sprintf('%s %s', command, imageFile);
%sprintf指的是字符串格式化命令，功能是把格式化的数据写入字符串中
eval(command);%把command视为语句运行
%加载文件tmp.key，此为command执行结果的数据
loc = load('tmp.key');
%下面对执行结果进行优化
%高斯平滑
g1 = fspecial('gaussian', 7, 1);
gray_image = imfilter(I, g1);
%空间滤波
h = fspecial('sobel');
Ix = imfilter(gray_image,h,'replicate','same');
Iy = imfilter(gray_image,h','replicate','same');
%参数配置
sigma = 2;
thd = 0.05;
r = 2;
%高斯滤波
g = fspecial('gaussian',fix(6*sigma), sigma);
Ix2 = imfilter(Ix.^2, g, 'same').*(sigma^2);
Iy2 = imfilter(Iy.^2, g, 'same').*(sigma^2);
Ixy = imfilter(Ix.*Iy, g, 'same').*(sigma^2);
%计算haar特征域
```

```matlab
R = (Ix2.*Iy2 - Ixy.^2)./(Ix2 + Iy2 + eps);
d = 2*r+1;
%提取特征点
localmax = ordfilt2(R,d^2,true(d));
R = R.*(and(R==localmax, R>thd));
%去除四周噪声点
R([1:r, end-r:end], :) = 0;
R(:,[1:r,end-r:end]) = 0;
%提取有效特征点
[xp,yp,~] = find(R); %检测结果优化完毕
%存储并返回
locs{1} = loc;
locs{2} = [yp, xp]; %存储haar-like特征检测结果
```

haar-like 关键点的显示代码如下：

```matlab
%此代码定义disp_haar_like_feature函数
%这个函数名不难理解，就是显示haar-like特征点
%函数名是保存后m文件的默认名称
function disp_haar_like_feature(image, locs)%函数命名
%下面确定关键点
figure('Position', [50 50 size(image,2) size(image,1)]);
colormap('gray'); %色彩类型设置
imagesc(image); %指定位置的图像显示，其中imagesc函数的功能是将图像矩阵中的元素数值按大小转化为不同的颜色，并在坐标轴对应的位置以这种颜色染色
hold on;
%计算关键点在坐标系下的坐标
t = linspace(0, 2*pi); %此为角度变量，linspace是均分计算指令，用于产生x1、x2之间的N点行线性的矢量
%以下开始标记关键点
for i = 1: size(locs,1)
    xt = locs(1) + locs(3)*cos(t); %横坐标变量，生成位置x
    yt = locs(2) + locs(3)*sin(t); %纵坐标变量，生成位置y
    plot(xt, yt, 'r:', 'LineWidth', 2); %显示坐标位置
end
%绘制特征点
plot(locs{2}(:,1), locs{2}(:,2), 'r*');
```

```
hold off; %关键点标记完成
```

haar-like 特征的人脸检测代码如下：

```
clc; clear all; close all;
%选择图像
imageFile = fullfile(pwd, 'images', '1.jpg');
image_origin = imread(imageFile);
% haar_like算子
loc = get_haar_like_feature(imageFile);
%显示关键点
disp_haar_like_feature(image_origin, loc);
```

程序运行结果如图 1-13 所示。

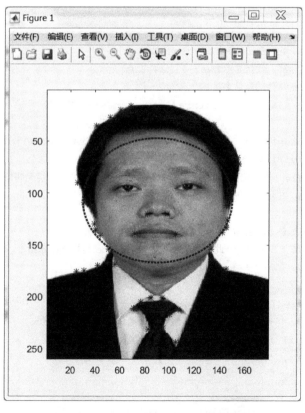

图 1-13　Haar-like 特征人脸检测结果演示

1.3 第3阶段：实战

本节讲解笔者在应用阶段对人脸检测的算法设计思想、图形用户界面（GUI）的系统设计及肤色的参数设置等实战方面的一些感触和认识，本阶段的目标是用图形方式显示人脸检测的操作用户界面，将基于肤色概率模型的人脸检测算法集成到图形用户接口，使读者可以轻易地完成调试和应用。

1.3.1 肤色概率建模

haar-like特征是较为优秀的人脸检测算法，与Adaboost等分类器结合，一般都会有非常不错的性能。在人脸检测领域的早期阶段，主要还是基于人的皮肤或者视频各帧之间的关系进行检测，虽然这些方法的速度满足不了实时性的要求，但是我们从图1-13不难看出，即便是较优秀的haar-like特征，其鲁棒的检测结果也必须以算法思想的精准理解与实现为前提，这其中涉及一些参数的设置与调整。因此，作为初学者，不妨从肤色概率模型入手和实战，循序渐进地理解人脸检测与识别的算法思想。

人脸一般都暴露在外，而其他皮肤的暴露程度则取决于着装的差异，所以可以通过检测皮肤来检测人脸。我们可以先根据图像上每个像素点的灰度值与肤色的接近程度来进行人脸检测，这个接近程度的量化方式有很多，例如，可以指定肤色阈值并确定肤色的灰度值概率区间，再根据各像素点所在的概率区间判断其是肤色的概率（也可理解为其与肤色的接近程度）。由概率空间可生成肤色似然图，并将肤色区域和其他区域分割开（例如，肤色区域为白色，而其他部分作为黑色背景）。这就是用肤色概率模型进行人脸检测的第1步。

在非肤色区域中可能有部分区域的颜色与肤色相近（称之为假肤色区域）。我们可以通过开闭操作、填洞操作、腐蚀膨胀操作，有效地去掉毛刺和假肤色区域，得到一个较纯净的肤色区域。这个操作可以理解为用肤色概率模型进行人脸检测的第 2 步。虽然通过这一步得到了更纯净的肤色区域，但是可能含有除人脸外的其他部位，例如手臂、手掌、腿部等，所以需要继续将人脸和其他肤色区域区分和分割。在常规着装的情况下，人脸及颈部和其他部分的区域会被衣服隔开，从拓扑学的角度来讲，区域之间是非联通的。不同肤色区域的几何特征也存在明显差异，例如，长宽比、区域大小（可用像素点数量化）、矩形度（区域面积与最小外接矩形面积的比值）都可作为从所有肤色区域中筛选和判定人脸区域的参考指标。将非人脸的肤色区域统一赋值为黑色，从而使之融入背景色，最终剩下的区域即人脸区域。更有趣的是，长宽比、区域大小、矩形度等几何特征也可用于分割眼睛、嘴巴、鼻子等关键部位。综上所述，我们不难梳理出用肤色概率模型检测人脸的算法思想，即在图像预处理的基础上，用肤色模型提取肤色区域，再综合拓扑关系与几何关系的分析实现人脸定位。

常用的肤色建模方法有阈值法、高斯模型、直方图统计和区域级检测等。就实战而言，我们感兴趣的不是模型的细节，这些细节在论文里都有，并可能更前沿、更高端，我们只需在理解其建模思想的基础上领会算法的思想，直接设计算法的实现步骤并付诸实现。例如，高斯肤色概率模型的建模思想是基于大量肤色样本进行统计，发现其在颜色空间里的分布呈现良好的聚类特性，表现为高斯分布。因此可以用高斯分布计算各像素点属于皮肤区域的概率（可以量化为该点到高斯分布中心的距离），将彩色图像转化为灰度图（称之为肤色似然图），其中每个像素点的灰度值对应其与肤色的相似度。至此，肤色相似度的计算公式就呼之欲出了，我们就可以理解代码里的一些关键计算过程了。

为了利用肤色在色度空间的聚类性，在 MATLAB 里可选取 YCbCr 色彩空间进行肤色提取，这时要先将彩色图片从 RGB 空间转换到 YCbCr 色彩空间。YCbCr 色彩空间是数字视频常用的色彩空间，该空间将亮度信息单独储存在 Y 分量中，而将色度信息储存在 Cb 和 Cr 分量中。用 YCbCr 色彩空间做人脸检测是非常好的选择，MATLAB 中的 rgb2ycbcr 函数可以直接将彩色图片从 RGB 空间转换到 YCbCr 色彩空间，非常方便。在简化了对模型的理解和图像的空间转换后，我们有更多的时间和精力考虑一些算法的细节，例如是否需要滤波及进行光照补偿等，又如是否可以融合一些数学形态学思想等，这些细节往往是创新性实验的关键。用肤色概率模型检测人脸的 MATLAB 核心代码如下：

```
clc;
clear all;
close all;
x=imread('1.jpg');
y=rgb2ycbcr(x);   %将彩色图片从 RGB 空间转换到 YCbCr 色彩空间
[a b c]=size(y);  %获取图像的行数、列数、页数；注意在新空间里图像是三维数组
cb=double(y(:,:,2));   %得到图像的 Cb 分量
cr=double(y(:,:,3));   %得到图像的 Cr 分量
%下面开始计算每个像素点的肤色概率
for i=1:a;
    for j=1:b
        w=[cb(i,j) cr(i,j)];  %色度矩阵
        m=[110.4516 150.5699];  %肤色均值，可以理解为离散高斯分布的期望值，这个均值需
要提前确定，这是肤色概率模型的明显不足之处；我们换图片测试时可能会发现需要修改此参数
        n=[97.0916 23.3700;23.3700 137.9966];  %协方差矩阵，对应此处的离散高斯分布
        p(i,j)=exp((-0.5)*(w-m)*inv(n)*(w-m)');  %计算肤色概率，即相似度
    end
end
z=p./max(max(p));%归一化结果
%下面开始阈值化
%figure
th=0.5;
for i=1:a
    for j=1:b
        if(z(i,j)>th)
            z(i,j)=1;
        else
            z(i,j)=0;
        end
    end
end
figure;%%开始一边处理一边出图了！
```

```
subplot(2,2,1);
imshow(z);
title('Set threshold')  %阈值化结果
%下面做数学形态学处理,先后进行了开运算、闭运算、填洞、腐蚀及膨胀操作
se=strel('square',3);
    f=imopen(z,se);  %开运算
    f=imclose(f,se);  %闭运算
        f=imfill(f,'holes');%填洞
    se1=strel('square',8);
%构造结构元素(strel 是 Structuring element 的简写)
    f=imerode(f,se1);  %腐蚀
    f=imdilate(f,se1);  %膨胀
    %至此得到了一个较纯净的肤色区域
%下面尝试将人脸区域与其他肤色区域分割开来
    [L,num]=bwlabel(f,4);
%返回一个和 f 大小相同的 L 矩阵,包含标记了 f 中每个连通区域的类别标签,这些标签的值为 1、2、num(连通区域的个数)
        for i=1:num;
            [r,c]=find(L==i);%第 i 个连通区域
            len=max(r)-min(r)+1;%区域长度
            wid=max(c)-min(c)+1;%区域宽度
                area_sq=len*wid;%区域面积
            area=size(r,1);%区域大小,即像素点的个数
            %开始判定第 i 个连通区域是不是人脸区域
            for j=1:size(r,1)
                if(len/wid<.8)|(len/wid>2.4)|size(r,1)<200|area/area_sq<0.55
                    L(r(j),c(j))=0;%如果不是人脸区域,则通过赋值将其融入背景色
                else
                    continue;
                end
            end
        end
subplot(2,2,2);
```

```
    imshow(L);
    title('Face Region')%人脸区域显示
        w=L&z;
%通过逻辑运算检测面部特征点；在代码开始处设置的肤色均值，显然也会影响这个特征点的检测，这
从程序运行结果中也不难看出；请试着调整肤色的均值，看看运行结果的变化
        subplot(2,2,3);
    imshow(w);
    title('Features points')%人脸特征点显示
%开始标记人脸区域，这里用矩形标记，读者也可以尝试用椭圆标记
        [r c]=find(L~=0);
        r_min=min(r);
    r_max=max(r);
        c_min=min(c);
    c_max=max(c);
        subplot(2,2,4);
    imshow(x);
    title('Detection result')
        rectangle('Position',[c_min r_min c_max-c_min
r_max-r_min],'EdgeColor','r');
    %以矩形区域为人脸检测的结果
```

程序运行结果如图 1-14 所示。

不难看出，肤色均值的设置不仅影响人脸区域检测的精确性，显然也会影响面部特征点的检测。我们可以换图片测试，并试着调整肤色均值，观察运行结果的变化，加深对肤色概率模型的认识。肤色概率模型可以作为理解人脸检测算法思想的着力点，但它仍然有较大的改进空间。在人脸检测实战中还要把 MATLAB 代码封装成 GUI，为用户提供最直观的操作界面，我们在 1.3.2 节先解读人脸检测 GUI，而 GUI 设计的完整过程将在第 2 章中进行讲解。

人脸识别原理与实战：以 MATLAB 为工具

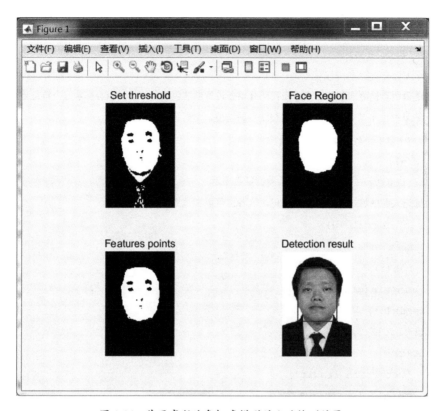

图 1-14 基于高斯肤色概率模型的人脸检测结果

1.3.2 人脸检测实战

通过前面循序渐进的认知过程，我们已经较深入地理解了人脸识别的应用场景和算法思想。下面完整解读一套基于肤色概率模型的人脸检测 GUI，借助最直观的操作界面，继续讲解笔者在人脸检测实战过程中的一些直观感触和认识。

```
function varargout = GUI(varargin)
%全局变量声明
global img_copy
global th
th=0.5;
```

```matlab
%下面这部分代码是系统默认生成的
gui_Singleton = 1;
gui_State = struct('gui_Name',       mfilename, ...
    'gui_Singleton',  gui_Singleton, ...
    'gui_OpeningFcn', @GUI_OpeningFcn, ...
    'gui_OutputFcn',  @GUI_OutputFcn, ...
    'gui_LayoutFcn',  [] , ...
    'gui_Callback',   []);
if nargin && ischar(varargin{1})
    gui_State.gui_Callback = str2func(varargin{1});
end

if nargout
    [varargout{1:nargout}] = gui_mainfcn(gui_State, varargin{:});
else
    gui_mainfcn(gui_State, varargin{:});
end
%至此完成初始化,接下来建立坐标系
function InitAxes(handles)
%全局变量声明
global img_copy
global th
%清理
clc;
%设置默认的坐标系
axes(handles.axes1); cla reset;
set(handles.axes1, 'XTick', [], 'YTick', [], ...
    'XTickLabel', '', 'YTickLabel', '', 'Color', [0.7020 0.7804 1.0000], 'Box', 'On');
%设置按钮的初始化状态
set(handles.FaceDet,'Enable','off');
%设置默认的窗体名称
set(handles.figure1,'Name','基于肤色模型人脸检测 Demo');
```

```
%设置默认的进度条
set(handles.slider_th,'value',0.5);
%设置默认的文本框
s=sprintf('阀值:%.1f',0.5);
set(handles.text1, 'String', s);
%%开始设计操作界面
%第1步:
function GUI_OpeningFcn(hObject, eventdata, handles, varargin)
handles.output = hObject;
%初始化窗体
InitAxes(handles);
guidata(hObject, handles);
%第2步:
function varargout = GUI_OutputFcn(hObject, eventdata, handles)
varargout{1} = handles.output;
%第3步:
function OpenFile_Callback(hObject, eventdata, handles)
%全局变量声明
global img_copy
global th
%打开文件选择对话框
[filename, pathname] = uigetfile( ...
    {'*.jpg;*.tif;*.png;*.gif','All Image Files';...
    '*.*','All Files' },...
    '请选择要测试的图片', ...
    'on');
%如果取消选择,则不进行操作
if isempty(filename) || isempty(filename)
    return;
end
%显示选择的文件
fprintf('file=%s%s\r\n',pathname,filename);
%生成文件路径
```

```
filename = fullfile(pathname, filename);
%读取
img = imread(filename);
%赋值
img_copy=img;
%显示
axes(handles.axes1); imshow(img_copy, []);
%设置按钮状态
set(handles.FaceDet,'Enable','on');
%第4步:
function btnExit_Callback(hObject, eventdata, handles)
%关闭窗体
close;
%第5步:
function FaceDet_Callback(hObject, eventdata, handles)
%全局变量声明
global img_copy
global th
%显示
axes(handles.axes1); imshow(img_copy, []); hold on;
%设置按钮的状态
set(handles.FaceDet,'Enable','on');
%获取当前的进度条数值
th=get(handles.slider_th,'value');
%显示
fprintf('th=%f\r\n',th);
%调用检测函数
[boxs,num,duration] =face_detect(img_copy,th,30);
%显示结果
for i=1:num
    %框选并显示
    rectangle('Position',[boxs(i,1) boxs(i,2) boxs(i,3)-boxs(i,1) boxs(i,4)-boxs(i,2)],'EdgeColor','r');
```

```matlab
    end
    hold off;%至此人脸检测功能已实现
    %%接下来是一些收尾工作
    function slider_th_Callback(hObject, eventdata, handles)
    %全局变量声明
    global img_copy
    global th
    %获取当前的进度条数值
    th=get(handles.slider_th,'value');
    %设置到文本框显示
    s=sprintf('阀值:%.2f',th);
    set(handles.text1, 'String', s);
    function slider_th_CreateFcn(hObject, eventdata, handles)
    if isequal(get(hObject,'BackgroundColor'), get(0,'defaultUicontrolBackgroundColor'))
        set(hObject,'BackgroundColor',[.9 .9 .9]);
    end

    function edit1_Callback(hObject, eventdata, handles)
    function edit1_CreateFcn(hObject, eventdata, handles)

    if ispc && isequal(get(hObject,'BackgroundColor'), get(0,'defaultUicontrolBackgroundColor'))
        set(hObject,'BackgroundColor','white');
    end

    function slider_size_Callback(hObject, eventdata, handles)
    %hObject    handle to slider_size (see GCBO)
    %eventdata  reserved - to be defined in a future version of MATLAB
    %handles    structure with handles and user data (see GUIDATA)
    function slider_size_CreateFcn(hObject, eventdata, handles)
    if isequal(get(hObject,'BackgroundColor'), get(0,'defaultUicontrolBackgroundColor'))
        set(hObject,'BackgroundColor',[.9 .9 .9]);
    end
```

第1章 图像轮廓提取及人脸检测

其中，人脸检测函数 face_detect 是自定义函数。换而言之，在 MATLAB 视频图像处理工具箱里并没有此函数（GUI 运行常需要调用一些开发者自定义的函数），此函数是基于肤色概率模型定义的，因为有 1.3.1 节的编程基础，所以读者不难自行解读。其核心代码如下：

```
function [boxs,face_num,duration]=face_detect(image,threshold,min_size)
    if isempty(image)
        boxs=[];
        face_num=0;
        duration=0;
        return ;
    end
    if (nargin==1)
        threshold =0.5;
        min_size=40;
    elseif (nargin==2)
        min_size=40;
    end

    %fprintf('%f %d\r\n',threshold,min_size);
    min_area=min_size*min_size;
    tic;
    YCbCr=rgb2ycbcr(image);
    [height width channel]=size(YCbCr);
    cb=double(YCbCr(:,:,2));
    cr=double(YCbCr(:,:,3));
    Ecb = (cb-117.4316);
    Ecr = (cr-148.5599);
    prob=exp((-0.0019)*Ecb.^2+(0.0004)*(Ecb).*(Ecr)+(-0.0033)*Ecr.^2);
    z=prob./max(max(prob));%-------------------------------------complextion probability
    z = im2bw(z,threshold);
    %figure;imshow(z);title('Set threshold')%---------------------threshold
    se=strel('square',3);
    f=imopen(z,se);
```

```
        f=imclose(f,se);
        %figure,imshow(f);%open and close processing;
        f=imfill(f,'holes');
        %figure,imshow(f);%fill holes in the Img
        se1=strel('square',4);
        f=imerode(f,se1);
        f=imdilate(f,se1);
        %figure,imshow(f);%--------------------------------------------erosion and expansion;
        [L,num]=bwlabel(f,4);

        for i=1:num;%region loop;
            [r,c]=find(L==i);
            len=max(r)-min(r)+1;
            wid=max(c)-min(c)+1;

            area_sq=len*wid;
            area=size(r,1);
            len_wid_ratio=len/wid;
            area_sq_ratio =area/area_sq;

            for j=1:size(r,1)%pixel loop;
                if(len_wid_ratio<.8)|(len_wid_ratio>2.4)|area<(min_area)|area_sq_ratio<0.65
                    L(r(j),c(j))=0;%not zero pixel =0;
                else
                    continue;
                end
            end
        end

        w=L&z;

        [L,num]=bwlabel(w,4);
```

```
        if num>0
            boxs=zeros(num,4);
            face_num=num;
            for i=1:num
                [r c]=find(L==i);
                r_min=min(r);r_max=max(r);
                c_min=min(c);c_max=max(c);
                boxs(i,1)=c_min;%x1
                boxs(i,2)=r_min;%y1
                boxs(i,3)=c_max;%x2
                boxs(i,4)=r_max;%y2
            end
        else
            boxs=[];
            face_num=0;
        end
    duration=toc;
end
```

GUI 代码的顺利运行，不仅需要相关的自定义函数，还需要 GUI.fig 文件，我们在这里先通过对代码的解读，形成一个感性的认识。

人脸检测只是人脸识别的准备工作。要准确地识别人脸，不仅需要检测到人脸，而且需要将检测到的人脸与数据库存储的人脸特征进行比对，并在此基础上快速地完成人脸匹配。因此，人脸识别算法的摸索不妨从特征脸建库开始，在人脸检测的基础上进行面部特征定位。眼睛、鼻子和嘴巴的特征是人最主要的三个面部轮廓特征，可作为面部特征定位的着手点。可以用 haar-like 特征实现面部关键部位检测，将这些关键部位的边缘特征、线性特征、中心特征和对角线特征进行组合，生成特征模板。

在生成特征模板的基础上，我们就可以借助主成分分析（PCA）建立人的面部模型，这就是特征脸建库了。具体实现并不难，将一批人脸图像转换成一个特征向量集即可。这些特征向量集被称为"Eigenfaces"，这就是"特征脸"概念的由来。

特征脸数据库是构建机器学习的基础数据库，主成分分析是一种经典算法，我们比较熟悉其模型原理。虽然从实战角度讲，我们都不太关注模型的细节，但是鉴于特征脸建库的重要性，还是建议了解基于主成分分析的人脸识别原理。由于篇幅有限，在这里先分享笔者对其原理的理解：先将检测到的所有人脸都投影到特征脸子空间，然后通过每张人脸投影点所在的位置及投影线的长度进行判定和识别。

至此，我们已经初步理解 PCA 人脸识别算法的核心思想了。后续章节将进行更深入更细致的讲解，用代码去实现并封装成 GUI，并且考虑到工程应用的需要，还会讲解如何做应用安装包（.exe 文件）及 SDK，以及如何进行软硬件集成、安装调试等。PCA 人脸识别只是本书中人脸识别算法解读的第 1 个环节，全书将逐步过渡到较前沿、较高端的压缩感知和深度学习等人脸识别算法。第 2 章将从初等的函数用法逐步过渡到较高端的混合编程，并更全面地分享笔者对面部特征定位、人脸对齐等关键问题的认知过程。

第 2 章

图像边界显示及人脸对齐

　　大脑之所以有很强的人脸识别能力，是因为其能很好地适应与人脸的距离、观察角度及人脸的姿态等各种复杂情况，找到眼睛、鼻子和嘴巴等关键的特征点并轻易地将其与脑海里特征脸的关键点对齐。因此人脸对齐是机器人脸识别的一个关键环节，是算法设计必须要考虑的问题。此外，图像采集的环境（如光照条件等）会对人脸图像造成影响，有时候需要对全景图像进行滤噪、增强、复原等一系列预处理。本章将人脸对齐的算法思想解读为根据输入的人脸图像，准确定位出面部的关键特征点（如眼睛、鼻尖、嘴角点、眉毛及人脸各部件的轮廓点等）。

2.1 第 1 阶段：入门

2.1.1 边界显示问题

人脸图像的匹配过程可以概括为"匹配→比较→调整再匹配→再比较"。为了提高人脸识别的速度和精度，我们需要快速、准确地进行人脸特征标定。因此，在人脸检测的基础上，还需要完成对眼睛、鼻尖、嘴角点、眉毛及其他面部关键特征的定位，才能进行人脸识别。我们注意到人脸的各关键部位有不同的形状，所以可以考虑通过形状分类来识别人的眼睛、鼻子、嘴唇、眉毛及其他面部关键部位，而形状的分类识别主要通过标记和描述其边界来进行，这自然引出了图像边界显示的问题。

图像边界显示可作为面部特征定位的基础。对被测试人脸对象进行特征点定位时所用的图像匹配拟合方法，在本书中称之为人脸对齐算法。常见的人脸对齐算法有基于灰度及其变化信息的对齐算法、基于可变形模板的对齐算法、基于神经网络的对齐算法、基于主动轮廓模型（Active Contour Model，ACM，经典案例如 Snake Model）的对齐算法、基于主动形状模型（Active Shape Model，ASM）的对齐算法、基于主动表观模型（Active Appearance Model，AAM）的对齐算法。其中，AAM 以人脸表观建模为基础，其他对齐算法均可视为 AAM 的不同研究阶段。AAM 随着模式识别领域的不断发展而趋于成熟，主要经历了三个重要阶段。第 1 阶段可以追溯到在 1987 年提出的 Snake 模型。作为 AAM 算法思想的雏形，Snake 模型是一种可用于图像分割和轮廓提取的方法。此时 AAM 算法的原理是先用一条由 N 个控制点组成的连续闭合曲线作为 Snake 模型，再用一个能量函数作为匹配度的评价函数。进行特征定位时，需要将模型设定在目标对象预估位置的周围，通过迭代使内外能量达到平衡，得到目标对象的边界与特征。这种利用模型和能量函数进行匹配的 AAM 算法思想在 1989 年进一步发展为可变模板法，这也是 AAM 算法研究的第 2 阶段。此时 AAM 借助一种比 Snake 模型更复杂的方法，逐步完成对可变模板尺寸、偏转角度及位置和形状的微调，以更准确地表征对象的形状。通过设定不同的权值，最终实现能量函数的最小化。至此，AAM 的产生已经具备较好的理论基础。1995 年提出的主动形状模型（ASM）被视为 AAM 的前身。ASM 的算法思想是先用参数化的采样形状来构成对象形状模型，并借助 PCA 构建用于描述形状特征点的运动模型，再用一组参数来控制形状特征点的位置变化，获取当前对象的形状，这也是将本章在实战阶段演示的算法。

2.1.2 边界显示函数

既然眼睛、鼻子、嘴巴、下巴等关键部位的边界形状可以反映这些部位之间的差异性，那么实现这些关键部位的边界显示可作为理解人脸对齐算法的第 1 步。边界显示、边缘检测、轮廓提取看起来都是相似相通的概念。我们在第 1 章里已经分析过边缘检测和轮廓提取的区别，虽然通过 edge 函数进行边缘检测与通过 bwperim 函数进行轮廓提取的结果相似，但边缘检测与轮廓提取的原理并不一样：轮廓提取主要是从一个种子点出发，通过搜索找到闭合的轮廓；而边缘检测主要是根据图像上的边缘在像素上变化很大的点，用微分的方法找到边缘。边缘检测的目标是标识数字图像中亮度变化明显的点，而图像属性中的显著变化通常反映了属性的重要事件和变化，换而言之，我们检测得到的边缘一般是图像在某一局部强度剧烈变化的区域。那么，边界显示与边缘检测、轮廓提取又有何区别呢？先来看看 MATLAB 是如何完成图像边界显示的。

在第 2 章中我们已经看到，edge 函数和 bwperim 函数可以帮助我们很方便地提取图像的边缘，但 edge 函数和 bwperim 函数只是 MATLAB 的视频图像处理工具箱中的两个有代表性的边缘函数，换而言之，在 MATLAB 的视频图像处理工具箱中还有其他边缘函数。例如，在 MATLAB 中图像边界显示的函数是 bwboundaries，可用来获取二值图中对象的轮廓，包括外部轮廓与内部边缘（boundaries 是"边界"对应的英文单词 boundary 的复数，初学者不妨据此记住函数 bwboundaries）。bwboundaries 函数与 bwperim 函数类似的是，其开头两个字母都是 bw，表示其主要用来处理二值图像（edge 函数一般也用于二值图像，但有趣的是其并不以 bw 开头）。

我们可能会问,为什么作为初等函数的 edge 函数、bwperim 函数、bwboundaries 函数都主要用来处理二值图像呢?这是因为在二值图像中,对象必须由非零像素构成,同时将 0 像素构成背景,便于图像分割。进行图像分割的最简单方法就是阈值化,其中二值化的图像阈值是最简单的,因为这时图像各像素的灰度值只能是 0 或 1,所以可以更直接地判定图像要表达的主要特征。从这个角度分析,对于一幅彩色图像来说,我们可以直接使用 im2bw 函数初步地提取图像想表达的内容。经过这样的简单处理,能否突出眼睛、鼻尖、嘴角点、眉毛及其他面部关键特征呢?这里通过简单的 MATLAB 代码测试两张照片:

```
clc;
clear all;
img1 = imread('1.jpg');
img2 = imread('2.jpg');
figure,
subplot(2,2,1),imshow(img1);
img1 = im2bw(img1);
%(图像分割)转化为二值图
img1 = not(img1);
%把图像想表达的内容变成1
subplot(2,2,2), imshow(img1);
subplot(2,2,3), imshow(img2);
img2 = im2bw(img2);
%(图像分割)转化为二值图
img2 = not(img2);
%把图像想表达的内容变成1
subplot(2,2,4), imshow(img2);
```

运行效果如图 2-1 所示。

我们看到,直接使用 im2bw 函数提取图像想表达的内容,是有一定参考意义的。在人脸图像中我们希望表达的自然是眼睛、鼻子、嘴唇、头发等关键部位特征,而用 im2bw 函数得到的二值化结果基本上突出了这些特征,所以对下一步的边界显示是有帮助的。

第 2 章 图像边界显示及人脸对齐

图 2-1 直接使用 im2bw 函数提取图像想表达的内容

作为 MATLAB 图像边界显示的函数，bwboundaries 的基本调用格式如下：

```
    [B,L] = bwboundaries(img);  %作为第 2 个输出。返回一个标记矩阵 L, 对象和孔都被标记，L
是一个二维非负整数数组，表示连续区域；第 k 个区域包含了 L 中值为 k 的所有元素
    %换而言之，L 所代表的对象和孔的数量等于 max(L(:)), 而 L 中的零值元素代表背景
    B = bwboundaries(BW);
    %B 是一个 P×1 的 cell 数组，P 为对象个数
    %每个 cell 是 Q×2 的矩阵，对应于对象轮廓像素的坐标
```

其中，Q 内的每一行表示连通体的边界像素的位置坐标（第 1 列是纵坐标 Y, 第 2 列是横坐标 X), Q 为边界像素的个数。cell 数组也叫作元胞数组或者广义矩阵，是 MATLAB 空间里的一种特殊矩阵。矩阵的每个元素可以是任何一种数据类型的常数、常量或者矩阵，所

以矩阵的每个元素叫作 cell。和一般的数值矩阵一样,元胞数组的内存空间也是动态分配的。例如,如果 MATLAB 在做图像处理时要用到一维数组,而数组的元素为一个 6×6 的像素矩阵,那么就必须用到 cell 数组,这是因为矩阵一般是不能作为数值数组的元素的。

下面给出通过 bwboundaries 函数处理图像的一个 MATLAB 实例:

```
clc;
clear all;
img = imread('2.jpg');
img=im2bw(img);
[B,L] = bwboundaries(img);
figure,
imshow(img);
hold on;
for k = 1:length(B)
    boundary = B{k};
%逐个提取边界像素
    plot(boundary(:,2),boundary(:,1),'b','LineWidth',2);
%逐个标记边界像素;用蓝色标记,以突出图像边界显示结果
end
```

运行效果如图 2-2 所示。

不难看出,通过 bwboundaries 函数可以追踪目标的外边界,以及这些目标中孔的边界,并返回多方面的数据结果,如下所述。

(1)一个元胞数组 B。注意,元胞数组不同于普通数组,普通数组存储的元素都是一样的数据结构,而元胞数组存储的可以是不同的数据类型,所以元素间不相关。

(2)返回一个标号矩阵 L。其中每个目标赋予一个标号,后面会给出对应的 MATLAB 示例。

(3)返回总目标数 N 等。

第 2 章 图像边界显示及人脸对齐

图 2-2 bwboundaries 函数的图像边界显示结果

为了继续加深对 bwboundaries 函数功能的认识，现在我们用一个简单的 MATLAB 程序来比较一下 edge 函数、bwperim 函数、bwboundaries 函数的运行效果：

```
clc;
clear all;
img = imread('2.jpg');
figure,
subplot(2,2,1),
imshow(img);
title('original');
img=im2bw(img);
img1=edge(img,'sobel');
%用 SOBEL 算子进行边缘检测
subplot(2,2,2),
imshow(img1);
title('edge');
img2 = bwperim(img,8);
%用 bwperim 函数进行轮廓提取
```

```
subplot(2,2,3),
imshow(img2);
title('bwperim');
subplot(2,2,4),
 [B,L] = bwboundaries(img);
imshow(img);
hold on;
for k = 1:length(B)
    boundary = B{k};
%逐个提取边界像素
    plot(boundary(:,2),boundary(:,1),'r','LineWidth',2);
%逐个标记边界像素；用红色标记，以突出图像边界显示结果
end
title('bwboundaries');
```

运行效果如图 2-3 所示。

图 2-3　edge 函数、bwperim 函数、bwboundaries 函数运行效果的比较

不难发现，与 edge 函数、bwperim 函数相比，bwboundaries 函数的运行效果更能突出人脸图像要表达的内容。换而言之，图像边界显示对于快速准确地完成眼睛、鼻尖、嘴角点、眉毛及其他面部关键特征的定位和人脸对齐算法的最终实现有一定的积极意义。因此，可以在人脸图像边界显示的基础上，根据人的眼睛、鼻子、嘴唇、眉毛及其他面部关键部位形状的差异，进行人脸各部位的分类、识别、标记的算法设计，读者可自行尝试完成。

此外，bwboundaries 函数还有三种常用的调用格式。

（1）指定使用连通性的调用格式：

B = bwboundaries(BW,conn);%在对父对象和子对象边界进行追踪时指定使用连通性。conn 的值可以为 8 或 4，表示 8 连通或者 4 连通。如果不指定，则默认为 8 连通

（2）提供选择字符串输入的调用格式：

B = bwboundaries(BW,conn,options);%提供选择字符串输入。该字符串可以为 noholes。即寻找不包含孔的边缘。在默认情况下，将追踪对象区域及孔区域边界

（3）返回对象数目和邻域矩阵的调用格式：

[B,L,N,A] = bwboundaries(BW); %返回找到的对象数目 N 和邻域矩阵 A、B 中的第 1 个 N 单元(cell)，是对象边界。A 代表父对象-子对象-孔之间的相关性。A 是一个边长为 max(L(:))的平方的稀疏逻辑矩阵，其中行和列与存储在 B 中的边界位置一致；用 A 及 B(m)对边界进行闭合，或者闭合边界 B(m)

指定使用连通性的调用格式对应的 MATLAB 代码实例如下：

```
%bwboundaries 函数调用用法示例
%指定使用连通性的调用格式
%8 连通与 4 连通的比较
clc;
%清除暂存的 MATLAB 空间变量
clear all;
%%图像读取及二值化
img = imread('2.jpg');
img=im2bw(img);
```

```matlab
%%开始绘图
figure,
%%先绘制使用8连通进行图像边界显示的结果
subplot(1,2,1)
[B,L] = bwboundaries(img,8);
%指定使用8连通进行图像边界显示
imshow(img);
title('8-connected');
hold on;
for k = 1:length(B)
    boundary = B{k};
%逐个提取边界像素
    plot(boundary(:,2),boundary(:,1),'b','LineWidth',2);
%逐个标记边界像素;用蓝色标记,以突出图像边界显示结果
end
%再绘制使用4连通进行图像边界显示的结果
subplot(1,2,2)
[B,L] = bwboundaries(img,4);
imshow(img);
title('4-connected');
hold on;
for k = 1:length(B)
    boundary = B{k};
%逐个提取边界像素
    plot(boundary(:,2),boundary(:,1),'r','LineWidth',2);
%逐个标记边界像素;用蓝色标记,以突出图像边界显示结果
end
```

运行效果如图2-4所示。

第 2 章　图像边界显示及人脸对齐

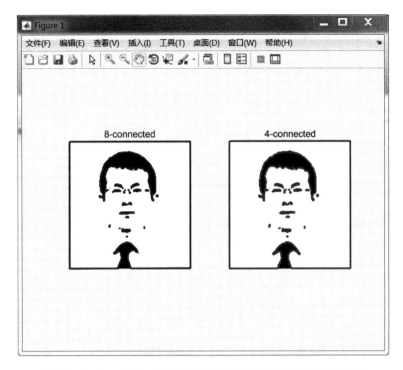

图 2-4　bwboundaries 函数的运行效果（8 连通与 4 连通的比较）

提供选择字符串输入的调用格式对应的 MATLAB 代码实例如下：

```
%bwboundaries 函数调用用法示例，提供选择字符串输入的调用格式
%追踪孔区域与不追踪孔区域的比较，因 conn 可以设置为 8 或 4，共 4 个结果图
clc;
%%清除暂存的 MATLAB 空间变量
clear all;
%%%图像读取及二值化
img = imread('2.jpg');
img=im2bw(img);
%%开始绘图
figure,
%%%先绘制追踪孔区域，使用 8 连通进行图像边界显示的结果
subplot(2,2,1)
[B,L] = bwboundaries(img,8);
```

```matlab
%指定使用8连通进行图像边界显示
imshow(img);
title('8-connected, with holes');
hold on;
for k = 1:length(B)
    boundary = B{k};
%逐个提取边界像素
    plot(boundary(:,2),boundary(:,1),'r','LineWidth',2);
%逐个标记边界像素；用蓝色标记，以突出图像边界显示结果
end
%%再绘制不追踪孔区域，使用8连通进行图像边界显示的结果
subplot(2,2,2)
[B,L] = bwboundaries(img,8,'noholes');
imshow(img);
title('8-connected, no holes');
hold on;
for k = 1:length(B)
    boundary = B{k};
%逐个提取边界像素
    plot(boundary(:,2),boundary(:,1),'g','LineWidth',2);
%逐个标记边界像素；用蓝色标记，以突出图像边界显示结果
end
%%接着绘制追踪孔区域，用4连通进行图像边界显示的结果
subplot(2,2,3)
[B,L] = bwboundaries(img,4);
%指定使用8连通进行图像边界显示
imshow(img);
title('4-connected,with holes');
hold on;
for k = 1:length(B)
    boundary = B{k};
%逐个提取边界像素
    plot(boundary(:,2),boundary(:,1),'b','LineWidth',2);
%逐个标记边界像素；用蓝色标记，以突出图像边界显示结果
```

```
end
%最后绘制不追踪孔区域,使用4连通进行图像边界显示的结果
subplot(2,2,4)
[B,L] = bwboundaries(img,4,'noholes');
imshow(img);
title('4-connected, no holes');
hold on;
for k = 1:length(B)
    boundary = B{k};
%逐个提取边界像素
    plot(boundary(:,2),boundary(:,1),'y','LineWidth',2);
%逐个标记边界像素;用蓝色标记,以突出图像边界显示结果
end
```

运行效果如图 2-5 所示。

图 2-5　bwboundaries 函数的运行效果（追踪孔区域与不追踪孔区域的比较）

显然，不追踪孔区域比追踪孔区域得到的结果更纯净，但可能会丢失部分重要信息。

返回对象数目和邻域矩阵的调用格式对应的 MATLAB 代码实例如下：

```matlab
%bwboundaries 函数调用用法示例
%返回对象数目和邻域矩阵的调用格式
%清屏
clc;
%清除暂存的 MATLAB 空间变量
clear all;
%图像读取
img = imread('2.jpg');
%二值化，初步提取图像要表达的内容
img=im2bw(img);
%%%开始绘图
figure,
subplot(1,2,1),
imshow(img);
title('binaryzation');
 [B,L,N,A] = bwboundaries(img);
%默认使用8连通进行图像边界显示
subplot(1,2,2),
imshow(img); title('add boundaries');
hold on;
for k = 1:length(B)
    boundary = B{k};
%逐个提取边界像素
    plot(boundary(:,2),boundary(:,1),'r','LineWidth',2);
%逐个标记边界像素；用蓝色标记，以突出图像边界显示结果
end
```

运行效果如图 2-6 所示。

第 2 章 图像边界显示及人脸对齐

图 2-6 bwboundaries 函数的运行效果（返回对象数目和邻域矩阵）

在 MATLAB 的工作空间里可以查看稀疏逻辑矩阵 A、元胞数组 B 及标记矩阵 L，找到的对象数目 N 及 boundary 对应的像素坐标。注意，我们会发现 $N=1$，也就是说，boundary 函数判定人脸图像为单一的目标对象。

2.2 第 2 阶段：进阶

2.2.1 图像边界处理

在图像边界显示的基础上，现在可以进一步介绍图像边界处理了！经过图像边界处理，我们可以有选择地获取、标记自己更感兴趣的边界特征，为对人脸对齐算法的理解和实现做更充分的准备。MATLAB 图像边界处理主要采用 bwareaopen 函数（删除小面积对象）、bwarea 函数（计算对象面积）、imclearborder 函数（边界对象抑制）、imregionalmin 函数（获取极小值区域）及 bwulterode 函数（距离变换的极大值），将这些函数与在 2.1 节中介绍的 bwboundaries 函数结合起来运用，还可以实现更丰富的功能。下面我们将逐一演示这些函数的用法。

（1）bwareaopen 的调用格式如下：

```
BW = bwareaopen(BW,P,conn)
%删除二值图像BW中面积小于P的对象，默认情况下使用8邻域
```

我们对 bwareaopen 函数的算法思想理解如下。

首先确定连通分支：

```
L = bwlabel(BW, conn);  %表示返回和BW相同大小的数组L。L中包含了连通对象的标注。参数n为4或8，分别对应4邻域和8邻域，默认值为8。
```

换而言之，bwlabel 函数能从一个读入二值图像后产生的 BW 数组（也可能自己创建，只要符合元素是 0 或者 1 就行）中，判定出其中的 1 有多少个区域（注：在 BW 数组中，0 代表黑背景，1 代表白背景）。这里的 label 很好理解，就是对连通对象进行标注，bwlabel 函数主要对二维二值图像中各个分离部分进行标注（多维用 bwlabeln，用法类似，但实现时对某些特殊情形做了特殊的优化）。

bwlabel 是用来标记二维的二值图像中的连通分支的，简而言之，就是黑色背景下面有多少个白色的区域。bwlabel 函数返回的 L 里面通过 1,2,3,…,n 来标识某一个位置（像素）属于这个二值图像里的第几个连通分支。bwlabel 在区块垂直方向比较长时标记得比较快，而在其他情况下 bwlabeln 更快。

要想更深入、清晰地理解这些内容，我们需要理解其中对于联通的定义，实际上有 4-连通（可以理解为上、下、左、右等 4 个方向的连通）和 8-连通（可以理解为东、南、西、北、东北、东南、西北、西南等 8 个方向的连通），还有不常用的自定义连通，这些自定义连通只有在 help 里看到有 CONN 这样的输入参数时才有用。

第 2 章 图像边界显示及人脸对齐

此外,bwlabel 可以返回连通分支的个数 *num*,具体用法如下:

```
[L,num] = bwlabel(BW,n);
```

其次,计算每个连通分支的面积:

```
S = regionprops(L, 'Area'); % regionprops 函数非常重要!用于统计被标记的区域的面积
```
分布,并显示区域总数,其完整用法、MATLAB 代码示例及运行效果演示将在 2.2.2 节提供。

然后,删除面积小的连通分支:

```
BW = ismember(L, find([S.Area] >= P));  %返回一个逻辑数组,找到 L 中特定元素的位置
```

下面给出 bwareaopen 函数的一个 MATLAB 代码示例:

```
clc; clear all;
img = imread('2.jpg'); img=im2bw(img);
%二值化,初步提取图像要表达的内容
figure,
subplot(2,2,1),
BW = bwareaopen(img,1,8);
imshow(BW);title('P=1');
subplot(2,2,2),
BW = bwareaopen(img,10,8);
imshow(BW);title('P=10');
subplot(2,2,3),
BW = bwareaopen(img,100,8);
imshow(BW);title('P=100');
subplot(2,2,4),
BW = bwareaopen(img,1000,8);
imshow(BW);title('P=1000');
%依次删除二值图像 BW 中面积小于 P=1 101 001 000 的对象,在默认情况下使用 8 邻域
```

运行效果如图 2-7 所示。

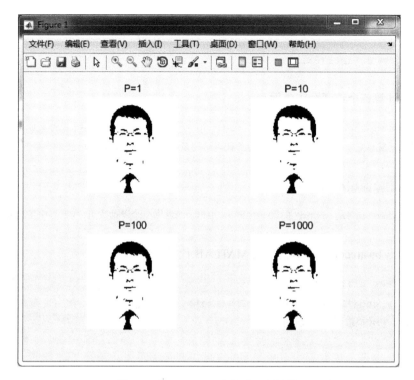

图 2-7 bwareaopen 函数的运行效果

（2）bwarea 的调用格式如下：

```
total = bwarea(BW)  %估计二值图像中对象的面积；可借助像素数目估算。
```

在图 2-7 中，依次删除二值图像 BW 中面积小于 P=1 10 100 1000 的对象，结果却并无明显差异。用 bwarea 函数测试一下，发现图像总面积很大，因此就不难理解了：

```
clc; clear all;
img = imread('2.jpg'); img=im2bw(img); total=bwarea(img)
```

运行效果如下：

```
total =

   3.6024e+04
```

（3）imclearborder 的调用格式如下：

```
IM1 = imclearborder(IM,conn)  %抑制和图像边界相连的亮对象。
%若 IM 是二值图，则 imclearborder 将删除和图像边界相连的对象。在默认情况下 conn=8。
```

我们将 imclearborder 函数的算法思想理解为：

- 首先，用原图像对要处理的图像（全部或局部）进行遮挡（可称原图像为掩膜）；

- 其次，除边界像素保留原像素值外，其他像素均被赋值为 0。

总算遇到一个不局限于二值图的边界处理函数！下面进行编程，看看运行效果：

```
clc;
clear all;
IM = imread('3.jpg');
IM1 = imclearborder(IM,4);
BW=im2bw(IM);
IM2 = imclearborder(BW,4);
figure
subplot(2,2,1),
imshow(IM);title('original');
subplot(2,2,2),
imshow(BW);title('binary');
subplot(2,2,3),
imshow(IM1);title('original+imclearborder');
subplot(2,2,4),
imshow(IM2);title('binary+imclearborder');
```

运行效果如图 2-8 所示。

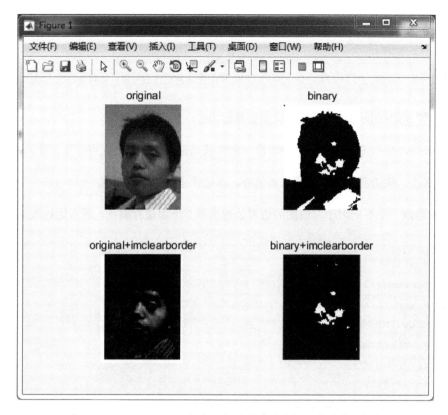

图 2-8　imclearborder 函数的运行效果（原图与二值图的比较）

涉及图像处理时，我们在 MATLAB、OpenCV 等库中总会看到 mask 这个参数，mask 就是掩膜。在数字图像处理中掩膜的概念借鉴了 PCB（Printed Circuit Board，印制电路板，又称印刷线路板，是重要的电子部件、电子元器件的支撑体和电子元器件电气连接的载体）制板的过程。在半导体制造中，许多芯片工艺步骤采用光刻技术，用于这些步骤的图形"底片"叫作掩膜（也称作"掩模"），其作用是在硅片上选定的区域中对一个不透明的图形模板进行遮盖，使下面的腐蚀或扩散只影响选定的区域以外的区域。图像掩膜与其类似，就是用选定的图像、图形或特定物体，对处理的图像（全部或局部）进行遮挡，来控制图像处理区域或处理过程。掩膜可以是胶片、滤光片等（光学图像处理），也可以是二维矩阵数组或多值图像（数字图像处理）。

图像掩膜的主要用途如下。

- 提取感兴趣的区域。其算法思想是用预先制作的感兴趣的区域的掩膜与待处理的图像相乘，得到感兴趣的区域的图像，感兴趣的区域内图像值保持不变，而区域外的图像值都为 0。
- 屏蔽。其算法思想是用掩膜对图像上的某些区域进行屏蔽，使其不参加处理或不参加处理参数的计算，或仅对屏蔽区进行处理或统计。
- 结构特征提取。其算法思想是用相似性变量或图像匹配方法检测和提取图像中与掩膜相似的结构特征。
- 特殊形状图像的制作。其算法思想是将由 0 和 1 组成的一个二进制图像作为掩膜，当在指定区域中应用掩模时，1 值区域被处理，被屏蔽的 0 值区域不被包括在计算中。简而言之，可以将掩膜理解为一种图像滤镜的模板。遥感图像经常采用掩膜处理，例如，当提取道路、河流或者房屋时，可借助一个 n×n 的矩阵来对图像进行像素过滤，将感兴趣的地物或者标志突出显示出来，这个矩阵就是一种掩膜。

（4）imregionalmin（可以这样记：im+regional+min）的调用格式如下：

```
BW = imregionalmin(I,conn); %寻找图像 I 的极小值区域（regional maxima），在默认情况下 conn=8，和 imregionalmax 函数的用法类似，都是用于对区域极值的标记。
```

编写一个简单的 MATLAB 程序，比较 imregionalmin、imregionalmax 的运行效果：

```
clc;
clear all;
IM = imread('2.jpg');BW=im2bw(IM);
BW1 = imregionalmin(BW,8);
BW2 = imregionalmax(BW,8);
figure
subplot(1,2,1),
imshow(BW1);title('imregionalmin');
subplot(1,2,2),
imshow(BW2);title('imregionalmax');
```

运行效果如图 2-9 所示。

图 2-9 imregionalmin、imregionalmax 的运行效果比较

（5）bwulterode（可以这样记：bw+alter+ode）的调用格式如下：

BW = bwulterode(BW,method,conn); %寻找二值图像 BW 的距离变换图的区域极大值（regional maxima），可称为终极腐蚀。用于距离变换的距离默认为 euclidean，连通性为 8 邻域。

注意，method 可以取值'euclidean'、'cityblock'、'chessboard'和'quasi-euclidean'，conn 的值可以是 4 或 8（二连通），也可以是 6、18 或 26（三连通）。编写一个简单的 MATLAB 程序，看看 bwulterode 函数的运行效果：

```
clc; clear all;
IM = imread('3.jpg'); BW=im2bw(IM);
BW1 = bwulterode(BW,'euclidean',8);
```

```
BW2 = bwulterode(BW,'cityblock',8);
BW3 = bwulterode(BW,'chessboard',8);
BW4 = bwulterode(BW,'quasi-euclidean',8);
BW5 = bwulterode(BW,'euclidean',4);
BW6 = bwulterode(BW,'cityblock',4);
BW7 = bwulterode(BW,'chessboard',4);
BW8 = bwulterode(BW,'quasi-euclidean',4);
BW9 = IM;
figure
subplot(3,3,1),imshow(BW1);title('euclidean, conn=8');
subplot(3,3,2),imshow(BW2);title('cityblock, conn=8');
subplot(3,3,3),imshow(BW3);title('chessboard, conn=8');
subplot(3,3,4),imshow(BW4);title('quasi-euclidean, conn=8');
subplot(3,3,5),imshow(BW5);title('euclidean, conn=4');
subplot(3,3,6),imshow(BW6);title('cityblock, conn=4');
subplot(3,3,7),imshow(BW7);title('chessboard, conn=4');
subplot(3,3,8),imshow(BW8);title('quasi-euclidean, conn=4');
subplot(3,3,9),imshow(BW9);title('original');
```

运行效果如图 2-10 所示。

在理解和掌握了以上图像边界处理函数的用法之后，我们可以进一步了解图像边界显示函数 bwboundaries 的其他用法了！将 bwareaopen、bware、imclearborder、imregionalmin 及 bwulterode 函数与 2.1 介绍的 bwboundaries 函数结合起来运用，还可以实现更丰富的功能。这里不再提供具体的 MATLAB 代码示例，自行查找资料和摸索后会收获更多知识！

2.2.2 区域属性度量

在 MATLAB 中用 regionprops 函数（可以这样记：get the properties of region）来度量图像区域属性。人脸对齐需要对人脸关键部位的面积、比例、像素个数等属性进行度量，因此这是一个非常重要的函数。regionprops 的调用格式如下：

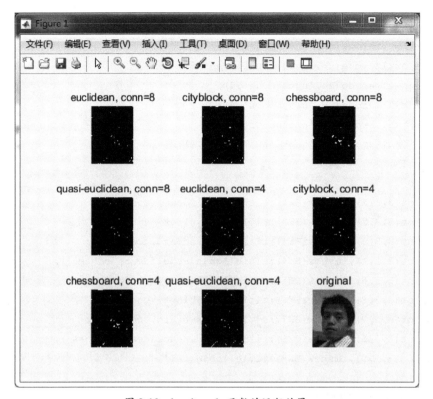

图 2-10 bwulterode 函数的运行效果

```
STATS = regionprops(L,properties)
%返回一个长度为 max(L(:))的结构数组,包含每个区域相应属性下的度量。Properties 可以是由
逗号分割的字符串列表、包含字符串的单元数组、单个字符串'all'或者'basic'
```

如果 properties 等于字符串'all', 则所有的度量数据都将被计算; 如果 properties 等于字符串'basic', 则属性'Area'、'Centroid'和'BoundingBox'将被计算。

我们结合一套简单的代码来看看通过 regionprops 函数可以得到哪些度量数据:

```
clc; clear all;
IM = imread('3.jpg'); bw = rgb2gray(IM); L = bwlabel(bw);
Area = regionprops(L,'Area');
%计算出在图像各个区域中的像素总个数
BoundingBox = regionprops(L,'BoundingBox');
```

```
%包含相应区域的最小矩形
Centroid = regionprops(L,'Centroid');
%每个区域的质心（重心）
MajorAxisLength = regionprops(L,'MajorAxisLength');
%与区域具有相同标准的二阶中心矩的椭圆的长轴长度（像素意义下）；类似的度量数据还有
MinorAxisLength，与 MajorAxisLength 的用法也类似
Eccentricity = regionprops(L,'Eccentricity');
%与区域具有相同标准的二阶中心矩的椭圆的离心率（可作为特征）
Orientation = regionprops(L,'Eccentricity');
%与区域具有相同标准的二阶中心矩的椭圆的长轴与 X 轴的交角（度）
Image = regionprops(L,'Image');
%与某区域具有相同大小的逻辑矩阵
FilledImage = regionprops(L,'FilledImage');
%与某区域有相同大小的填充逻辑矩阵
FilledArea = regionprops(L,'FilledArea');
%填充区域图像中的 on 像素个数
ConvexHull = regionprops(L,'ConvexHull');
%包含某区域的最小凸多边形
ConvexImage = regionprops(L,'ConvexImage');
%画出上述区域的最小凸多边形
ConvexArea = regionprops(L,'ConvexArea');
%填充区域的凸多边形图像中的 on 像素个数
EulerNumber = regionprops(L,'EulerNumber');
%几何拓扑不变量——欧拉数
Extrema = regionprops(L,'EulerNumber');
%八方向区域极值点
EquivDiameter = regionprops(L,'EquivDiameter');
%与区域具有相同面积的圆的直径
Solidity = regionprops(L,'Solidity');
%同时在区域和其最小凸多边形中的像素比例
Extent = regionprops(L,'Extent');
%同时在区域和其最小边界矩形中的像素比例
PixelIdxList = regionprops(L,'PixelIdxList');
```

```
%存储区域像素的索引下标
PixelList = regionprops(L,'PixelIdxList');
%存储上述索引对应的像素坐标
```

在 MATLAB 工作空间里可以看到这些度量数据的结果，如图 2-11 所示。

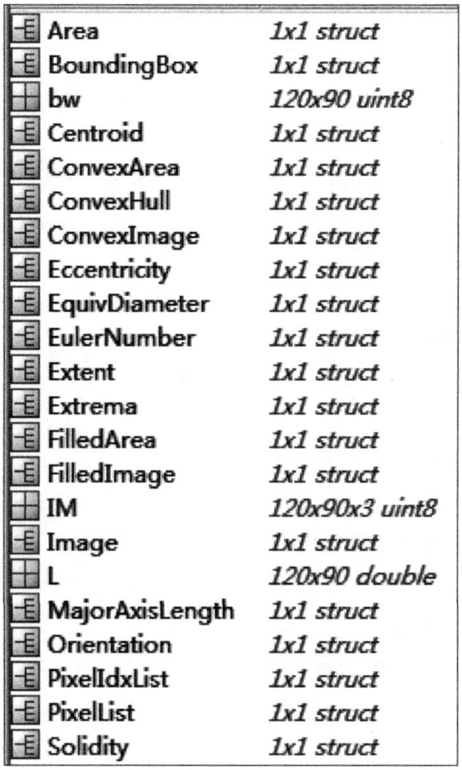

Area	1x1 struct
BoundingBox	1x1 struct
bw	120x90 uint8
Centroid	1x1 struct
ConvexArea	1x1 struct
ConvexHull	1x1 struct
ConvexImage	1x1 struct
Eccentricity	1x1 struct
EquivDiameter	1x1 struct
EulerNumber	1x1 struct
Extent	1x1 struct
Extrema	1x1 struct
FilledArea	1x1 struct
FilledImage	1x1 struct
IM	120x90x3 uint8
Image	1x1 struct
L	120x90 double
MajorAxisLength	1x1 struct
Orientation	1x1 struct
PixelIdxList	1x1 struct
PixelList	1x1 struct
Solidity	1x1 struct

图 2-11 regionprops 函数提取的度量数据

可以单击查看这些数据的详细结果（或直接在命令区输入数据名称，然后回车）：

```
>> Area

Area =

    Area: 10799
```

还可以使用这些度量数据绘图，例如，标记包含相应区域的最小矩形：

```
clc;
clear all;
IM = imread('3.jpg'); P = rgb2gray(IM); L = bwlabel(P);
rec = regionprops(L,'BoundingBox');
%用区域属性度量函数找出包含相应区域的最小矩形
figure,
subplot(1,2,1), imshow(IM); title('original');
subplot(1,2,2), imshow(IM), title('marked');
rectangle('Position',rec(1).BoundingBox,'Curvature',[0,0],'LineWidth',2,'LineStyle','--','EdgeColor','r');
```

运行效果如图 2-12 所示。

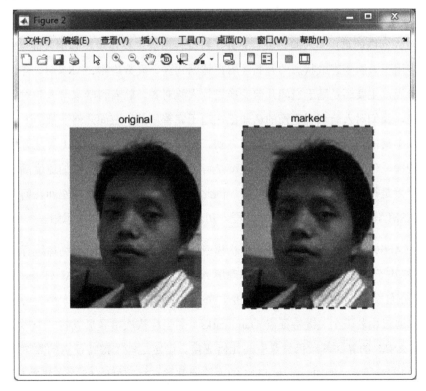

图 2-12　用 regionprops 函数标记最小的外接矩形

2.3　第3阶段：实战

本节内容包括空间几何变换、人脸对齐原理和人脸对齐实战等三部分，分享了笔者在应用阶段对人脸对齐算法的设计思想、建模思想及编程技巧等实战方面的一些感触和认识。本阶段的目标是生成用图形方式显示的人脸对齐操作用户界面，将人脸对齐的经典算法集成到图形用户接口，生成用户可自如调试、编辑的图形用户界面（GUI）。

2.3.1　空间几何变换

人脸对齐问题的重点是人脸特征点对齐，特征点对齐主要体现在确定关键点的位置上，从而进一步用于人脸姿态或状态的判断（用在辅助驾驶、疲劳检测、AR等）。在人脸对齐领域的早期阶段，主要还是基于空间几何变换进行人脸对齐。随着科学家对人脸对齐算法思想的不断改进，我们对人脸表观建模的认知正在趋于完善，基于空间几何变换的人脸对齐算法也有了更加丰富的内容。我们在课题研究之初，调通了一个开源的 ASM 算法源程序，感觉其速度比较慢，但是对单幅图片来说其速度是可以的，虽然视频或摄像的速度满足不了实时性的要求，但是得到了较鲁棒的检测结果。因此，作为初学者，不妨从空间几何变换入手实战，结合 ASM 算法的训练过程和搜索过程，初步理解人脸对齐的算法思想。

ASM（Active Shape Model，主观形状模型）通过形状模型对目标物体进行抽象。由于 ASM 是一种基于 PDM 的算法，所以要想理解 ASM，就需要先理解 PDM（Point Distribution Model，点分布模型）。PDM 的基本思想是，外形相似的物体如人脸、人手、心脏等，其几何形状可以通过由若干个关键特征点（landmarks）的坐标依次串联形成的一个形状向量来表示。因此，ASM 的算法基础仍然是空间几何变换。确定这些关键特征点的数量及其分布是 PDM 研究的主要任务。例如，基于 ASM 的人脸通常通过标定好的 68 个关键特征点来描述。下面我们来看看 ASM 的训练过程和搜索过程。

ASM 的训练过程可以概括为如下 6 个阶段。

（1）样本搜集阶段。样本数量 N 应根据实际需要和实战经验来确定。作为人脸对齐的应用，样本只需包含人脸图像，大小和方向则允许有差异，后续将归一化处理。

（2）手动标记 n 个脸部特征点（如前所述，通常 $n=68$）。当然，这里的手工标记需要借助某个标定软件，并将标定的结果坐标存到文本文档中。

（3）构建形状向量。对于每一个样本，将记录下来的坐标点参考其所在的二维坐标系位置信息(x,y)，按照顺序连成向量，将这个样本描述为一个向量。

（4）进行归一化和对齐。这是 ASM 训练的一个关键过程，可以理解为空间几何变换，换而言之，就是在不改变点分布模型的基础上，通过简单的平移、旋转、缩放，将样本中的多个人脸归一化到一个统一的标准（称之为平均脸）中。

（5）PCA 降维。降维的主要作用是减少非关键维度的影响，同时可以减少数据量、提升训练效果。

（6）描述每个已知特征点的局部特征，以便在该特征点附近进行搜索（可以在特征点附近的矩形框中搜索，也可以沿法线方向搜索），以迭代的方式寻找新的特征点匹配位置。为了防止光照的变化，一般用梯度特征描述（也可用颜色、纹理等）。

最后，我们来看一下人脸图像归一化和对齐的详细过程，这样可进一步理解空间几何变换在 ASM 训练过程中的重要性。ASM 对人脸图像的归一化处理通常采用 Procrusts 方法，空间几何变换参数包括旋转角度 a、缩放尺度 s、水平位移 x、垂直位移 y。人脸图像归一化和对齐的详细过程是：首先将训练集中的所有人脸模型对齐到第 1 个人脸模型（可自主选择），然后计算平均人脸模型，接着计算所有人脸相对于平均脸的偏移（也可理解为将所有样本模型对齐到平均人脸，使任意一个人脸都可以由平均脸和这个人脸相对于平均脸的偏移来描述。重复上述步骤，直至平均脸的计算结果趋于收敛，或到一定时间时人为停止。

相对于 ASM 的训练过程，其搜索过程则更简单：先根据人脸检测结果的大致人脸位置，将前面计算得到的平均脸进行仿射变换，得到一个初始的特征点模型（即初始化对齐人脸），然后搜索特征点即可。换而言之，ASM 的搜索过程就是以空间几何变换为基础，在每个特征点的邻域内进行迭代搜索，并结合局部特征点的特征匹配，获取新的特征点位置。在这个过程中，还可以借助特征点选择算法，选择多个候选点，然后与样本特征点模型进行匹配（可以定义一些相似度指标如马氏距离，将距离最小的候选点作为新的特征点中心）。为了提高人脸对齐算法的精度，还可用平均人脸模型对匹配结果进行修正，重复上述步骤，直到收敛。换而言之，就是用初始模型在新的图像中搜索目标形状，使搜索中的特征点和相对应的特征点最为接近，持续优化搜索结果，最终得到更接近的人脸模型。

综上所述，空间几何变换是人脸对齐算法（以 ASM 为例，其他算法原理类似）的核心。

2.3.2 人脸对齐原理

仿射变换是最常用的一种空间几何变换形式，图像的仿射变换可理解为将图像按比例缩放、旋转、平移或剪切的组合，每个仿射变换对应图像空间里的一个变换矩阵。在人脸对齐算法的设计过程中，如何准确地找到更理想的仿射变换呢？仿射变换对应一个变换矩阵，矩阵论的原理告诉我们，要确定这样一个变换矩阵，则首先要找到两组匹配的特征点坐标。其中，人脸对齐中目标图像特征点的位置一般都采用一组经验值，可作为一组已知的特征点坐标。下面分别以基于三个特征点（左眼、右眼、嘴巴）的人脸对齐和基于两个特征点（左眼、右眼）的人脸对齐为例，演示如何实现基于空间几何变换的人脸对齐算法。

1. 基于三个特征点的人脸对齐

首先，要学会设计辅助的基础算法，使用 MATLAB 代码描述左眼、右眼、嘴巴等特征点的位置。我们对基础算法思想的理解为：

```
%参数设置；如下是假设的数值，可根据实际情况修改
m=150;
n=160;
x=0.3;
y=0.7;
```

```
%(1) 设定人脸图像的大小
rows = m;
cols = n;
%(2) 定义特征点位置的比例系数
rowFrac = x; colFrac = y;
%(3) 根据对称性,生成并整合特征点坐标
le=[(1-colFrac)*cols,rows*rowFrac]; %左眼的坐标
re=[colFrac*cols,rows*rowFrac]; %右眼的坐标
mouth=[0.5*cols,rows*(1-rowFrac),]; %嘴巴的坐标
landmark_tool=[le;re;mouth];%整合三个特征点的坐标
```

在 MATLAB 工作空间里可以看到相关的数据结果,如图 2-13 所示。

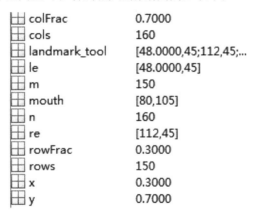

图 2-13 一组已知的特征点坐标

显然,上面这套基础算法的思想和代码只适用于人脸对齐中目标图像特征点位置所采用的一组经验值,换而言之,只适用于那组已知的特征点坐标。因此,还需要确定输入图像中三个特征点的坐标。在 MATLAB 中有一个比较好玩的函数,即获取鼠标坐标值的 ginput 函数。

ginput 函数提供了一个十字光标,使我们能更精确地选择自己需要的位置,并返回坐标值。ginput 函数主要有如下三种调用格式:

```
[x,y] = ginput(n)
%从当前的坐标系中读取 n 个点,并返回这 n 个点的坐标。可以按回车键提前结束读数
```

```
[x,y] = ginput
%可以无限读取坐标直到按下回车键
[x,y,button] = ginput(...)
%返回 x 和 y 的坐标,以及 button 值(1=左键,2=中,3=右)或者按键的 ASXII 码值
```

注:计算机对所有数据的存储和运算都需要使用二进制数表示(这是因为计算机的基本原理是用高电平和低电平分别表示 1 和 0 的),例如,键盘上的 52 个字母(包括大写)、0、1……9 这 10 个数字及*、#、@等常用的符号在计算机中存储时也要使用二进制数来表示,而具体用哪些二进制数字表示哪个符号,就叫作编码。假设每个人都约定属于自己的一套编码,就会造成混乱,导致我们无法互相通信。由此可见,我们必须使用相同的编码规则。美国有关的标准化组织适时出台了 ASCII 编码,这套基于拉丁字母的电脑编码系统统一规定了上述常用符号用哪些二进制数来表示。虽然其主要用于显示现代英语和其他西欧语言,但是由于英语在全世界的广泛使用,使得 ASCII 编码(American Standard Code for Information Interchange,美国信息交换标准代码)变成了现今最通用的单字节编码系统,并等同于国际标准 ISO/IEC 646。ASCII 编码标准表使用了指定的 7 位或 8 位二进制数组合来表示各种可能的字符(128 种或 256 种)。标准 ASCII 码也叫作基础 ASCII 码,可以用 7 位二进制数(剩下的 1 位二进制为 0)来表示所有的大写和小写字母、数字 0-9、标点符号及在美式英语中使用的特殊控制字符。

经常与 ginput 函数搭配使用的还有 spline 函数。spline 函数的调用格式如下:

```
yi=spline(x,y,xi);
%根据已知的 x、y 数据,用样条函数插值出 xi 处的值。即由 x、y 的值计算出 xi 对应的函数值
pp=spline(x、y);
根据已知的 x、y 数据,求出它的样条函数表达式。
```

下面用一个简单的 MATLAB 程序演示一下 ginput 函数与 spline 函数的搭配使用:

```
%建立坐标系
axis([0 15 0 15]);
hold on  %保持工作状态
%初始化
```

```
x=[];y=[];m=0;
%设置提示语，说明选点方式
disp('请单击鼠标左键，点取您需要的点');
disp('请单击鼠标右键，点取最后一个点');
%实现鼠标选点
but=1;while but==1
[xi,yi,but]=ginput(1); plot(xi,yi,'ko');%把鼠标选点结果标记出来
m=m+1;%可以无限次重复选点
%补充提示语，说明如何终止选点
disp('单击鼠标左键点取下一个点');
x(m,1)=xi; y(m,1)=yi; %将所有点的横、纵坐标整合为向量
end
%选点完成了，开始连线
t=1:m;%选点的数量
ts=1:0.15:m;%界定插值间隔
xs=spline(t,x,ts);ys=spline(t,y,ts);%横、纵坐标插值
plot(xs,ys,'y-'); %连线
hold off  %终止工作,因为开始用了hold on，就需要用hold on终止
```

除了可以看到运行效果，在 MATLAB 工作空间里还可以看到提示语，如图 2-14 所示。

如上所述，人脸对齐算法的基础是要确定一个仿射变换矩阵，这就要求必须找到两组匹配的特征点坐标。其中，人脸对齐中目标图像特征点的位置一般都采用一组经验值，可作为一组已知的特征点坐标。基于三个特征点的人脸对齐算法，不难借助 MATLAB 代码描述左眼、右眼、嘴巴等特征点的位置。至此我们已经较充分地理解了 ginput 函数的用法。另一组特征点坐标可以用需要识别和匹配的人脸图像提取。

借助 ginput 函数，对于任意一个人脸图像，我们都可以选择利用鼠标选取特征点，不仅可以用到基于三个特征点（左眼、右眼、嘴巴）的人脸对齐，还可以用到基于两个特征点（左眼、右眼）的人脸对齐。所以 ginput 函数可用于演示如何实现基于空间几何变换的人脸对齐算法。利用鼠标选取人脸特征点，完整的 MATLAB 代码如下：

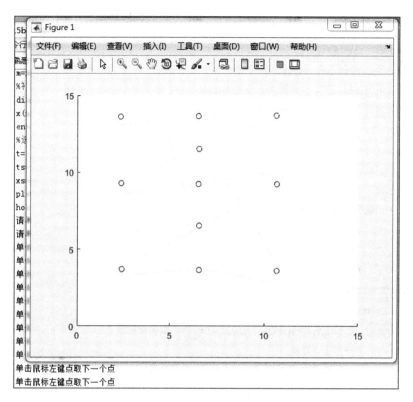

图 2-14 ginput 函数与 spline 函数搭配的运行效果

```
%基于三个特征点的人脸对齐
%此代码用于提取人脸图像的特征点坐标
clc;
clear all;
IM = imread('1.jpg');
imshow(IM);%这里无须转成二值图
hold on;
NUM=3;
%特征点的个数为3
landmark=[];
for k=1:NUM
a=ginput(1);
plot(a(1),a(2),'b.','MarkerSize',10,'LineWidth',2);
```

```
landmark=[landmark;a];
end
%得到特征点的坐标
hold off;
```

运行效果如图 2-15 所示。

图 2-15 利用鼠标选取的人脸特征点（ginput 函数）

好了！我们现在已经找到两组匹配的特征点坐标，那么如何确定对应的仿射变换矩阵呢？MATLAB 利用其获取的控制点对，在生成一个空间变换结构时，通常将此结构描述为 tform 结构（也称为结构体）。这里的 tform 是可以大写的，即 TFORM。创建 tform 结构的方法如下。

（1）利用函数 cp2tform，此函数的主要调用格式如下：

```
tform=cp2tform(movingPoints,fixedPoints,transformtype);
```

用 cp2tform 函数得到 tform 之后，就可以用 imtransform 函数输出人脸对齐的结果：

```
targetimage=imtransform(inputimage,tform,'FillValue',1);
```

（2）利用函数 estimateGeometricTransform，此函数的主要调用格式如下：

```
tform=estimateGeometricTransform(matchedPoints1,matchedPoints2,
transformType)
```

与 estimateGeometricTransform 函数搭配使用的则是 imwarp 函数。换而言之，用 estimateGeometricTransform 函数得到 tform 之后，可用 imwarp 函数输出人脸对齐的结果：

```
targetimage=imwarp(inputimage,tform);
```

以仿射变换为例，transformType 的取值为'affine'，利用已经找到两组匹配的特征点坐标和 estimateGeometricTransform 函数，就可以直接得到所需要的仿射变换，即 tform，而将 tform 作用于输入图像，即可得到人脸对齐的结果（也叫作目标图像）。

2. 基于两个特征点的人脸对齐

在工程实际应用中，高效率、实时性是永恒的追求。为了实现这一追求，我们在必要时可以考虑简化算法。因此，基于两个特征点（左眼、右眼）的人脸对齐更为常用。此时 cp2tform 函数不再适用，只能用 estimateGeometricTransform 函数，需要将空间几何变换类型由仿射变换改为相似变换（取值为'Similarity'）。此外，我们在 MATLAB 工具箱里还找到了一个函数 fitgeotrans，此函数的调用格式如下：

```
tform = fitgeotrans( movingPoints, fixedPoints, TransformType);
```

与 fitgeotrans 函数搭配使用的是 transformPointsForward 函数。换而言之，用 fitgeotrans 函数得到 tform 之后，可用 transformPointForward 函数输出人脸对齐的结果：

```
[x, y] = transformPointsForward(tform, u, v);
```

2.3.3 人脸对齐实战

本节侧重于通过对人脸对齐算法思想入门的引导，帮助我们完成对面部特征定位算法思想的初步认识和体验。不同于第 1 章的安排，对部分函数的用法将在实战阶段介绍，这样可以更真实地展现我们的认知过程。事实上，坚持在实践过程中继续摸索和完善，会更轻松，也会有更多的惊喜！通过前面的学习不难发现，目前我们讨论的主要是一些经典算法，根据我们的体验，直接去追求最前沿的方法也是不大科学的，因此这里关于人脸对齐算法原理的介绍是从 AAM 算法开始的。由于 ASM 算法只是单纯利用了对象的形状，准确率并不高，所以科学家们在 1998 年正式改进了 ASM，并首次提出 AAM 的概念。作为在模式识别领域已经得到广泛应用的特征点提取方法，AAM 不但考虑到局部特征信息，而且综合考虑到全局形状和纹理信息。以人脸识别为例，AAM 的创新之处是不仅利用了形状信息，而且对重要的脸部纹理信息也加以统计分析，并尝试找出形状与纹理之间的联系。换而言之，基于 AAM 的人脸对齐方法在人脸表观建模的过程中的主要建模思想是：通过对人脸形状特征和纹理特征进行统计分析，来构建更理想的人脸混合模型。我们可以在本章学习的基础上，继续尝试理解和研究 AAM。

AAM 的出现并没有完全否定 ASM 的应用价值，事实上，由于面部特征的复杂性及人脸图像的多变性，迄今为止，科学家们仍然没有提出一种通用的人脸对齐算法。在本章最后，我们给出用图形方式显示的人脸对齐操作用户界面，将基于空间几何变换的人脸对齐算法集成到图形用户接口，生成可自由调试、编辑的图形用户界面（GUI）。

MATLAB 主程序的核心代码如下，其中设置了 5 种对齐方式（有 3 种基于三个特征点的对齐方法，另外两种基于两个特征点的对齐方法，与 2.3.2 节的函数对应）：

```
function varargout = MainForm(varargin)
%初始化开始
gui_Singleton = 1;
gui_State = struct('gui_Name',       mfilename, ...
                   'gui_Singleton',  gui_Singleton, ...
```

```matlab
                'gui_OpeningFcn', @MainForm_OpeningFcn, ...
                'gui_OutputFcn',  @MainForm_OutputFcn, ...
                'gui_LayoutFcn',  [] , ...
                'gui_Callback',   []);
if nargin && ischar(varargin{1})
    gui_State.gui_Callback = str2func(varargin{1});
end
if nargout
    [varargout{1:nargout}] = gui_mainfcn(gui_State, varargin{:});
else
    gui_mainfcn(gui_State, varargin{:});
end
%初始化结束
%设置打开图片的功能
function MainForm_OpeningFcn(hObject, eventdata, handles, varargin)
handles.output = hObject;
global landmark
global Img
axes(handles.axes1); box on; set(gca, 'XTickLabel', '', 'YTickLabel', '');
axes(handles.axes2); box on; set(gca, 'XTickLabel', '', 'YTickLabel', '');
guidata(hObject, handles);
%设置输出结果的功能
function varargout = MainForm_OutputFcn(hObject, eventdata, handles)
varargout{1} = handles.output;
%辅助输出原图像的功能
function pushbutton1_Callback(hObject, eventdata, handles)
global landmark
global Img
imgfilePath = fullfile(pwd, 'images/wwf.jpg');
[filename, pathname, filterindex] = uigetfile( ...
    { '*.jpg','All jpg Files';...
    '*.bmp','All bmp Files';...
    '*.*', '所有文件 (*.*)'}, ...
```

```
        '选择文件', ...
        'MultiSelect', 'off', ...
        imgfilePath);
filePath = 0;
if isequal(filename, 0) || isequal(pathname, 0)
    return;
end
filePath = fullfile(pathname, filename);
Img = imread(filePath);
axes(handles.axes1);
imshow(Img , []);
title('原图像');
%辅助输出目标图像的功能：三点对齐法1
function pushbutton2_Callback(hObject, eventdata, handles)
global landmark
global Img
%目标图像的大小
rows = 160;cols = 150;
%目标图像
targetimage = zeros(rows,cols);
%用于定义特征点位置的系数
rowFrac = 0.3;colFrac = 0.7;
%基于三点的特征点坐标
le = [(1-colFrac)*cols,rows*rowFrac];
re = [colFrac*cols,rows*rowFrac];
mouth = [0.5*cols,rows*(1-rowFrac),];
landmark_tool = [le; re; mouth];
%得到仿射变换
tform1 = cp2tform(landmark_tool,landmark,'affine');
%得到目标图像
result1 = imtransform(Img,tform1);
axes(handles.axes2);
imshow(result1 , []);
```

```matlab
title('三点对齐方法1');
%设置退出功能
function pushbutton3_Callback(hObject, eventdata, handles)
close;
%辅助输出目标图像的功能:三点对齐法2
function pushbutton4_Callback(hObject, eventdata, handles)
global landmark
global Img
%目标图像的大小
rows = 150;cols = 160;
%目标图像
targetimage = zeros(rows,cols);
%用于定义特征点位置的系数
rowFrac = 0.3;colFrac = 0.7;
%基于三点的特征点坐标
le = [(1-colFrac)*cols,rows*rowFrac];
re = [colFrac*cols,rows*rowFrac];
mouth = [0.5*cols,rows*(1-rowFrac),];
landmark_tool = [le; re; mouth];
%得到仿射变换
tform2 = fitgeotrans(landmark,landmark_tool,'affine');
%得到目标图像
result2 = imwarp(Img,tform2,'outputview',imref2d(size(targetimage)));
axes(handles.axes2);
imshow(result2 , []);
title('三点对齐方法2');
%辅助输出目标图像的功能:三点对齐法3
function pushbutton5_Callback(hObject, eventdata, handles)
% hObject    handle to pushbutton5 (see GCBO)
% eventdata  reserved - to be defined in a future version of MATLAB
% handles    structure with handles and user data (see GUIDATA)
global landmark
global Img
```

```matlab
%目标图像的大小
rows = 150;cols = 160;
%目标图像
targetimage = zeros(rows,cols);
%用于定义特征点位置的系数
rowFrac = 0.3;colFrac = 0.7;
%基于三点的特征点坐标
le = [(1-colFrac)*cols,rows*rowFrac];
re = [colFrac*cols,rows*rowFrac];
mouth = [0.5*cols,rows*(1-rowFrac),];
landmark_tool = [le; re; mouth];
%得到仿射变换
tform3 = estimateGeometricTransform(landmark,landmark_tool,'affine');
%得到目标图像
result3 = imwarp(Img,tform3,'outputview',imref2d(size(targetimage)));
axes(handles.axes2);
imshow(result3 , []);
title('三点对齐方法 3');
%辅助输出目标图像的功能：二点对齐法 1
function pushbutton6_Callback(hObject, eventdata, handles)
global landmark
global Img
%目标图像的大小
rows = 150;cols = 160;
%目标图像
targetimage = zeros(rows,cols);
%用于定义特征点位置的系数
rowFrac = 0.3;colFrac = 0.7;
%基于两点的特征点坐标
le = [(1-colFrac)*cols,rows*rowFrac];
re = [colFrac*cols,rows*rowFrac];
landmark_tool = [le; re];
%得到其他类型的空间变换
```

```matlab
tform1 = fitgeotrans(landmark,landmark_tool,'NonreflectiveSimilarity');
%得到目标图像
result1 = imwarp(Img,tform1,'outputview',imref2d(size(targetimage)));
axes(handles.axes2);
imshow(result1 , []);
title('二点对齐方法1');
%辅助输出目标图像的功能：二点对齐法2
function pushbutton7_Callback(hObject, eventdata, handles)
global landmark
global Img
%目标图像大小
rows = 150;cols = 160;
%目标图像
targetimage = zeros(rows,cols);
%用于定义特征点位置的系数
rowFrac = 0.3;colFrac = 0.7;
%基于两点的特征点坐标
le = [(1-colFrac)*cols,rows*rowFrac];
re = [colFrac*cols,rows*rowFrac];
landmark_tool = [le; re];
%得到其他类型的空间变换
tform2 = estimateGeometricTransform(landmark,landmark_tool,'Similarity');
%得到目标图像
result2 = imwarp(Img,tform2,'outputview',imref2d(size(targetimage)));
axes(handles.axes2);
imshow(result2 , []);
title('二点对齐方法2');
%设置鼠标选取三个特征点的功能
function pushbutton8_Callback(hObject, eventdata, handles)
global landmark
global Img
axes(handles.axes1); imshow(Img, []);
hold on;
```

```
landmark=[];
%特征点的个数
TOLNUM=3;
for k=1:TOLNUM
    %取点
    a=ginput(1);
    %绘制
    plot(a(1),a(2),'r+');
    %存储
    landmark=[landmark;a];
end
hold off;
%设置鼠标选取两个特征点的功能
function pushbutton9_Callback(hObject, eventdata, handles)
global landmark
global Img
axes(handles.axes1); imshow(Img, []);
hold on;
landmark=[];
%特征点的个数
TOLNUM=2;
for k=1:TOLNUM
    %取点
    a=ginput(1);
    %绘制
    plot(a(1),a(2),'r+');
    %存储
    landmark=[landmark;a];
end
hold off;
```

这个 GUI 的功能比较完整，图 2-16 只展示了其中一个运行效果。

图 2-16　基于空间几何变换的人脸对齐（三点对齐法 3 示例）

我们还可以把人脸对齐后提取的目标图像截图保存，并用第 1 章的 haar-like 特征再次进行人脸检测，试着进一步理解人脸检测与人脸对齐的关系。

第 3 章

图像采样编码及人脸重构

  大脑识别人脸的功能很强,还体现在:即使照片局部被遮挡,仍然能识别成功。在工程实践中,机器视觉系统常需要处理一些不完美、不清晰的人脸图像。克服这些制约因素,对于改善人脸识别的效果同样重要。在制约人脸识别效率的各类因素(姿态、表情、光照及遮挡等)中,人脸遮挡问题也是最常见的。我们认为可以将人脸遮挡处理解读为人脸重构,并建议读者在工程实践中尝试用某个人脸的不同图像去训练和重构,而在这些图像中包含清晰和不清晰的图像,然后用重构后的样本来辅助完成人脸识别。本章提出的人脸遮挡问题的解决方案是在图像采样的基础上生成特征脸,并借助图像稀疏编码设计人脸重构算法,重构无遮挡的人脸。

3.1 第1阶段：入门

3.1.1 采样编码问题

在工程实践中，人脸图像的匹配因为要达到实时性，所以必须进行冗余信息处理，可以将这种处理过程理解为一种数学变换，具体来讲就是人脸图像的稀疏表示（Sparse Representation），这自然就引出了图像采样编码的问题。我们将图像稀疏表示理解为通过最少数量的系数尽可能更多地描述图像的信息（也可叫作能量），而不同的图像类别在不同的数学变换下，其能量系数的分布也往往有所不同。图像稀疏表示的目标就是在给定的超完备字典中用尽可能少的元素来表示图像的信息，以获得更为简洁的信息表达，从而使我们更快速地获取图像中所蕴含的主要信息，方便我们进一步对图像进行加工处理，例如图像压缩、稀疏编码等。图像稀疏表示相关的焦点问题主要集中在稀疏分解、超完备字典和稀疏编码问题等方面。借鉴压缩感知中信号重构的说法，我们也可将图像稀疏编码理解为一种图像重构。

做过压缩感知的朋友常喜欢找一维的稀疏信号来验证压缩感知理论相关的一些原理、性质和算法。图像稀疏表示属于二维稀疏信号的描述，因此，二维稀疏信号不仅可以用来验证压缩感知中的一些重构问题，也可以用来帮助理解图像的稀疏表示。在图像稀疏表示理论未提出前，二维稀疏信号表达主要采用正交字典和双正交字典。正交字典和双正交字典的优点是数学模型简单，符合工程应用的实时性要求，但它们也有明显的不足之处，就是自适应能力差，不能灵活、全面地表示二维信号。在1993年，科学家发现信号可以用一个超完备字典来表示，这被认为是稀疏表示的开端。因为信号越稀疏，其重构后的精度就越高，所以信号的稀疏表示迅速成为研究的热点，不仅如此，稀疏表示还可以根据信号的自身特点自适应地选择更理想的超完备字典。

图像稀疏表示的最终目标是找到一个自适应字典，使得图像关键信息的表达更稀疏，这就涉及稀疏分解算法。幸运的是，科学家在提出稀疏表示理论之初，便提出了稀疏分解算法。最早的稀疏分解算法是MP（Matching Pursuit）重构算法，也叫作匹配追踪算法。作为迭代算法，MP重构算法的原理简单，而且不难实现。随着MP重构算法的广泛应用，科学家为了提升收敛速度，将其改进为OMP（Orthogonal Matching Pursuit）重构算法，也叫作正交匹配追踪算法，其收敛速度更快。算法改进是永无止境的，迄今为止，已经被人们提出的重构算法还有压缩采样匹配追踪（Conpressive Sampling Matching Pursuit，CoSaMP）算法、正则化正交匹配追踪（Regularized Orthogonal Matching Pursuit，ROMP）算法、分段式正交匹配追踪（Stagewise OMP，StOMP）算法、子空间追踪（Subspace Pursuit，SP）算法等。

其实大脑经常在利用信号的稀疏表示，例如，我们看到一个景象时，总是下意识地聚焦自己感兴趣的某些局部。简单来讲，可以这样理解图像的稀疏性：原始的图像信号经过重构变换之后，只有极少数元素是非零的，而大部分元素都等于零或者说接近于零。这里的变换是通过大量的图像数据学习得到的，变换结果也被称为字典，而字典中的每一个元素有时也被称为原子。图像稀疏表示相关的学习算法也被称为字典学习，其算法思想是找到一些原子，使得所有样本在这些原子的线性组合表示下是稀疏的，其算法实现的过程也可被称为稀疏表示问题的求解。

稀疏表示在人脸识别方面的应用主要是稀疏脸。一张人脸图像可以用数据库中同一个人的所有人脸图像的线性组合表示。由于数据库中其他人脸线性组合的系数在理论上为零，所以在用数据库中所有图像的线性组合来表示这张给定的测试人脸时，会得到稀疏的系数向量。这要求所有的人脸图像必须是事先严格对齐的，否则稀疏性很难满足，因此又涉及第2章的人脸对齐问题。人脸识别算法实现的各个环节就是这样密切联系、环环相扣的。

3.1.2 采样编码函数

与传统的图像编码算法相比，稀疏编码的算法思想更接近人类视觉系统的工作原理。人类视网膜上可引起视觉细胞响应的区域，在脑科学领域叫作感受野。只有这些区域的光感受细胞被激活,才能启动对视觉感受信息的处理。神经生理研究已表明,单个神经元仅对某一频段的信息呈现较强的反应,其信号编码滤波器具有局部性、方向性和带通特性。简而言之,人类视觉系统的每个神经元对这些刺激的表达都采用了稀疏编码原则。本节将侧重于传统图像编码函数入门阶段的介绍。在本章的实战部分会进一步讲解图像稀疏编码。

在严格意义上,MATLAB 并无自带的图像稀疏表示工具箱,也没有可以直接用的稀疏表示函数。在工程实践中,人脸识别技术开发工程师需要根据项目实战的需要,编写自定义函数。有兴趣的读者也可以结合自身在项目研究中关于图像稀疏表示函数编写的经验,将自定义函数整合成符合自身课题研究需要的稀疏表示工具箱。在MATLAB 工具箱里有一些辅助函数,在编写图像稀疏表示的自定义函数时会用到这些函数。考虑到工程实践需求的差异,本章在入门和进阶阶段主要介绍了 MATLAB 图像稀疏表示的辅助函数,并尽可能与本章后面的核心问题(人脸重构)有机结合,抛砖引玉,为读者更深入地理解基础函数和编写自定义函数奠定基础。

虽然 MATLAB 没有自带的图像稀疏表示工具箱,但是在 MATLAB 的视频图像处理工具箱里有一些可用于图像采样编码的函数。我们先看看图像采样。图像采样具体可分为降采样和升采样。顾名思义,降采样就是在采样过程中图像的像素点数会减少,而减少的程度取决于降采样系数(假设为 k,则采样过程就是在图像矩阵的每行每列每隔 k 个点取一个点,组成一幅新的图像)。升采样就是在采样过程中图像的像素点数会增加,而增加的程度取决于升采样系数(假设为 k,则采样过程就是依次在图像矩阵的相邻两点之间插入 k-1 个点,使其构成 k 个分块,从而得到一幅新的图像)。显然,可以将升采样理解为一种插值(对图像而言是二维插值)。不同于一维插值,二维插值不仅要在图像矩阵的每行插值,而且对图像的每列也要进行插值。对于插值的算法思想,我们又可以从时域和频域两个角度理解:时域就是时间域,自变量(横轴)是时间,因变量(纵轴)是信号的变化,换而言之,就是将图像矩阵元素的变化描述为像素点在不同时刻取值的函数 $x(t)$;频域就是频率域,自变量(横轴)是频率,因变量(纵轴)是信号的幅度(能量),自变量与因变量的关系也就是我们通常所说的频谱图,描述了图像矩阵元素变化的频率结构及频率与变化幅度的关系。对于图像时域插值,最简单的是线性插值,此外还有 Hermite 插值、样条插值等基于数值分析的插值方法。频域插值也叫作频谱插值，与时域插值的算法思想有明显差异。以傅里叶变换为例，其算法思想是忽略负频点（方向与正频点相反，导致信号截断）的频谱泄漏效应，选择适当的窗函数抑制长范围的频谱泄漏，然后根据窗函数的形式完善插值过程并对短范围的频谱泄漏进行修正。由傅里叶变换性质可知，图像频域补零插值等价于图像时域插值。从理论上来讲，可以将图像采样理解为对图像的一种特殊的缩放操作。一般意义上的图像缩放操作并不能带来关于该图像的更多信息，而图像的质量却不可避免地会受到一些影响。以图像采样为基础的缩放方法能够增加图像的信息，从而使缩放后的图像质量超过原图的质量。

下面，我们结合 MATLAB 视频图像处理工具箱里的 upsample 函数（用于升采样，可以这样记：up+sample）和 downsample 函数（用于降采样，可以这样记：down+sample），进一步理解这些内容。

（1）upsample 函数的调用格式为：

```
y = upsample(x,m);
y = upsample(x,m,n);
```

下面给出 upsample 函数的一个 MATLAB 用法示例：

```
clc;
clear all;
close all;
x=rgb2gray(imread('1.jpg'));
figure,
m=3;n=2;
subplot(2,2,1);
y = upsample(x,m);
imshow(y);
title('upsample(x,3)');
subplot(2,2,2);
y = upsample(x,m,n);
imshow(y);
```

```
title('upsample(x,3,2)');
m=4;n=2;
subplot(2,2,3);
y = upsample(x,m);
imshow(y);
title('upsample(x,4)');
subplot(2,2,4);
y = upsample(x,m,n);
imshow(y);
title('upsample(x,4,2)');
```

运行结果如图 3-1 所示。

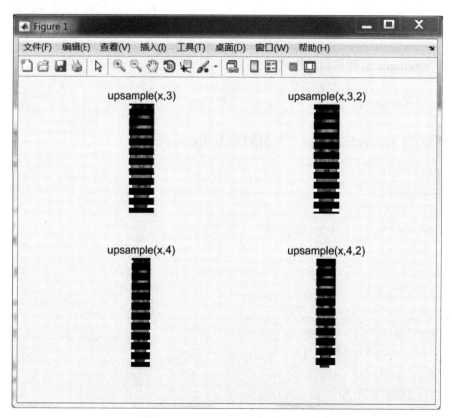

图 3-1 upsample 函数的运行结果

（2）downsample 函数与 upsample 函数用法完全一样，调用格式为：

```
y = downsample(x,m);%从第1项开始，每间隔m对x采样，得到的序列为y
y = downsample(x,m,phase);%从第phase+1项开始，等间隔m对x采样，得到的序列为y,
而 0<=phase<m
```

下面给出 downsample 函数的一个 MATLAB 用法示例：

```
clc;clear all;close all;
x=rgb2gray(imread('1.jpg'));
figure,
m=3;n=2;
subplot(2,2,1);y = downsample(x,m);imshow(y);title('downsample(x,3)');
subplot(2,2,2);y = downsample(x,m,n);
imshow(y);title('downsample(x,3,2)');
m=4;n=2;
subplot(2,2,3);y = downsample(x,m);imshow(y);title('downsample(x,4)');
subplot(2,2,4);y = downsample(x,m,n);imshow(y);
title('downsample(x,4,2)');
```

运行结果如图 3-2 所示。

除了 downsample 函数与 upsample 函数，在利用 MATLAB 进行图像采样时，还会用到 interp 函数、decimate 函数、resample 函数等。其中，interp 函数是插值函数；decimate 函数对时间序列进行整数倍的采样处理，使得时间序列的长度减少；resample 函数对时间序列进行重采样。此外，还有 dyaddown 函数（对时间序列进行二元采样，每隔一个元素提取一个元素，得到一个降采样时间序列）、dyadup 函数（对时间序列进行二元插值，每隔一个元素插入一个零元素，得到一个时间序列）等。这里仅介绍 interp 函数在图像采样过程中的主要功能，请参考我们的思路去摸索其他函数在图像采样过程中的作用。interp 函数的主要功能是对时间序列进行整数倍插值，使得时间序列曲线更光滑，此函数实际上包括 interp1（一维插值）、interp2（二维插值）、interp3（三维插值）、interpn（N 维插值）等 4 个函数的用法。这里仅介绍 interp2 的用法（图像是二维），interp1、interp3、interpn 用法类似。

interp2 函数的调用格式如下：

> ZI=interp2(X,Y,Z,XI,YI)%返回矩阵 ZI，其元素包含对应于参量 XI 与 YI（可以是向量、或同型矩阵）的元素。用户可以输入行向量和列向量 Xi 与 Yi，此时，输出向量 Zi 与矩阵 meshgrid(xi,yi) 是同型的，同时取决于由输入矩阵 X、Y 与 Z 确定的二维函数 Z=f(X,Y)
>
> ZI=interp2(Z,XI,YI)%X=1:n，Y=1:m，其中[m,n]=size(Z)。再按第 1 种情形进行计算
>
> ZI=interp2(Z,n)%进行 n 次递归计算，在 Z 的每两个元素之间插入它们的二维插值，这样，Z 的阶数将不断增加。interp2(Z)等价于 interp2(z,1)
>
> ZI=interp2(X,Y,Z,XI,YI,method)%用指定的算法 method 计算二维插值。linear 为双线性插值算法（默认算法），nearest 为最临近的插值，spline 为三次样条插值，cubic 为双三次插值

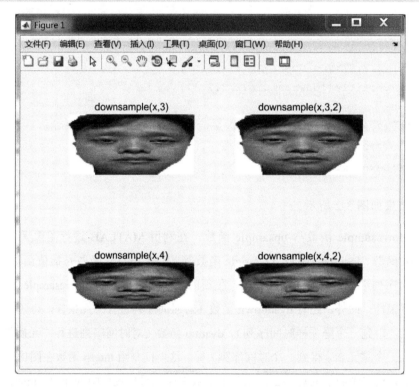

图 3-2 downsample 函数运行结果

用 interp2 函数进行人脸图像插值（以升采样的方式实现缩放）并不是一件简单的事情，要用 meshgrid 函数来生成网格矩阵，而且在插值完成后还需要转换图像的类型，否则插值的结果将无法显示。因此这里先介绍 meshgrid 函数及一些与图像类型转换相

关的函数。

meshgrid 函数的主要功能是生成网格采样点，在进行 3D 图形绘制及画矢量图方面有着广泛的应用，可以生成绘制 3D 图形时所需的网格数据。计算机在进行绘图操作时（当然也包括对人脸图像的插值）往往需要一些采样点，然后根据这些采样点来绘制出整个图形。例如，在进行 3D 绘图操作时就涉及 x、y、z 三组数据，其中，可以将 x、y 这两组数据看作在 Oxy 平面内对坐标进行采样得到的坐标对 (x,y)。meshgrid 函数的调用格式如下：

```
[X,Y] = meshgrid(x,y); %返回的两个矩阵 X、Y 必定是行数、列数相等的，且 X、Y 的行
数都等于输入的参数 y 中元素的总个数，X、Y 的列数都等于输入的参数 x 中的元素数量
[X,Y]=meshgrid(x); %相当于[X,Y]=meshgrid(x,x)
[X,Y,Z]=meshgrid(x,y,z)  %生成三维数组，可用来计算三个变量的函数和绘制三维立
体图
%与 meshgrid 相关的函数还有 plot3、mesh、surf、automesh、ndgrid 等，请自行了解
```

在 MATLAB 中读取图片后保存的数据默认是 unit8 类型（8 位无符号整数，每个这样的数仅占 1 个字节），以此方式存储的图像叫作 8 位图像。例如，imread 函数可以把灰度图像存入一个 8 位矩阵中，而当图像为 RGB 图像时，就存入 8 位 RGB 矩阵中。这种存储方式与双精度浮点（double 类型，64 位，占 8 个字节）相比，可以节省很大一部分存储空间。例如，一幅人脸图像的像素大小是 400×300，则保存的数据矩阵为 400×300×3，其中，每个颜色的通道值为 0~255。虽然在 MATLAB 中读入和保存的人脸图像的数据类型是 unit8，但是在图像矩阵运算及采样插值的过程中用的数据却是 double 类型（这样做主要是为了保证精度，而且如果不转换，则在对 unit8 进行加减时就会产生溢出）。

在将图像转为 double 格式时可以用 double 函数，也可以用 im2double 函数。double 函数是纯粹的数据类型转换，换而言之，就是将无符号整型转换为双精度浮点型 double，而数据的大小不会发生变化。而 im2double 函数不仅将 unit8 转换为 double 类型，而且将数据的大小从 0~255 映射到 0~1（可以这样理解：im2double 函数比 double 函数多了一个归一化的处理过程）。下面通过一段简单的 MATLAB 代码演示：

```
clc;
clear all;
close all;
I = imread('./1.jpg');
%读入人脸图像，保存的是 unit8 类型（0～255）的数据
I1 = double(I); imshow(I1);
%把人脸图像转换成 double 精度类型（0～255）

I2 = im2double(I);
%把人脸图像转换成 double 精度类型（0～1）
I3 = I1/255;
%将 unit8 转换成 double 后归一化，相当于 im2double
subplot(2,2,1);imshow(I1);
title('double');
subplot(2,2,2);imshow(I2);
title('im2double');
subplot(2,2,3);imshow(I3);
title('double+归一化');
subplot(2,2,4);imshow(I);
title('original');
```

运行结果如图 3-3 所示。

我们看到，I1 即 double 的结果无法显示（数据溢出），但是 I1/255 却能正常显示（在归一化处理后消除了数据溢出）。如果输入的是 unit8、unit16 或者是二值的 logical 类型，则函数 im2double 将其值归一化到 0～1，当然就是 double 类型的了。如果输入的是 double 类型，则输出的还是 double 类型，并不进行映射。

在了解了 meshgrid 函数生成网格矩阵的方法及图像类型转换函数后，现在可以利用 interp2 函数对人脸图像进行插值了，MATLAB 核心代码如下：

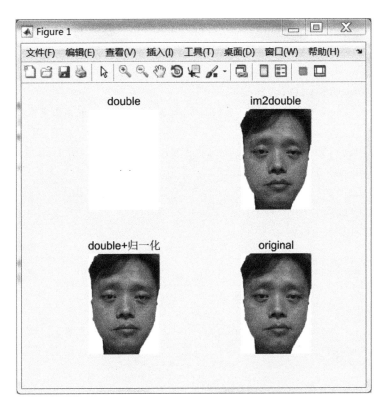

图 3-3 im2double 函数与 double 函数的运行结果比较

```
clc;
clear all;
close all;
I=imread('1.jpg');%读取人脸图像
s=2;%缩放倍数,缩放后与原始大小的比值
figure,
subplot(1,2,1);imshow(I);title('original');%原始人脸图像的展示

subplot(1,2,2);
[m n d]=size(I);%获取人脸图像的大小信息
%%下面开始插值
if s<=1 & s>0
    for i=1:d
```

```
        I1(:,:,i)=I(round(1:1/s:m),round(1:1/s:n),i);
    end
elseif s>1
    [X Y]=meshgrid(1:n,1:m);
    [Xt Yt]=meshgrid(1:1/s:n,1:1/s:m);%用 meshgrid 函数来生成网格矩阵
    for i=1:d
        I1(:,:,i)=interp2(double(I(:,:,i)),Xt,Yt,'spline');
%用 interp2 函数对人脸图像进行插值
    end
    if isa(I,'unit8')
        I1=unit8(I1);
    else
        I1=unit16(I1);
    end
end %插值完成
imshow(I1);
title('interp2');
```

运行结果如图 3-4 所示。

作为本节的结尾，我们了解一下 MATLAB 图像编码的实现，这也是与图像采样、人脸重构密切相关的一个模块。图像编码也叫作图像压缩，是指在满足一定质量（信噪比的要求或主观评价得分）的条件下，以较少的比特数表示图像或图像中所包含信息的技术。在工程实践中，由于人脸图像的数据量巨大，给机器视觉系统的存储、处理和传输都带来很大的负担，因此，我们有必要考虑采用新的图像表示方法来缩小人脸图像表达所需的数据量，而图像编码要解决的主要问题就是尽最大可能对有冗余性的代码进行压缩。

人脸图像编码涉及图像的分块处理，在 MATLAB 中可以用 blkproc 函数实现。blkproc 函数主要有以下三种调用形式：

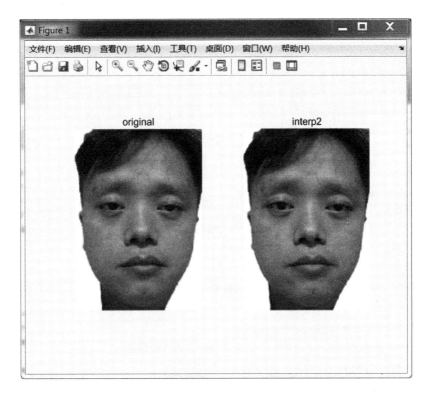

图 3-4 利用 interp2 函数对人脸图像进行插值的结果

```
B = blkproc(A,[m n],fun, parameter1, parameter2, ...)
%对图像以 m×n 为分块单位进行处理（如 8 像素×8 像素）
%fun 是选择的函数，用以分别对每个 m×n 分块的像素进行处理
%parameter1、parameter2 则是需要传递给 fun 函数的参数
B = blkproc(A,[m n],[mborder nborder],fun,...)
%先对每个 m×n 块进行上下 mborder 个单位和左右 nborder 个单位的扩充，扩充方式为补零
法，然后用 fun 函数对整个扩充后的分块进行处理
B = blkproc(A,'indexed',...)
```

blkproc 函数有很多有趣的应用，例如，我们可以用 blkproc 函数对人脸打马赛克：

```
clc;
clear all;
close all;
```

```
I = imread('1.jpg');
I=im2bw(I);
fun = @(x) std2(x)*ones(size(x)); %定义fun;这里x是要处理的矩阵
I2 = blkproc(I,[2 2],fun);
I3 = blkproc(I,[3 3],fun);
I4 = blkproc(I,[4 4],fun);
I5 = blkproc(I,[5 5],fun);
I6 = blkproc(I,[6 6],fun);
subplot(3,2,1);
imshow(I),
title('original face');%显示原始人脸图像
subplot(3,2,2);
imshow(I2,'DisplayRange',[])
title('mosaics face:2*2');%显示打马赛克的人脸图像
subplot(3,2,3);
imshow(I2,'DisplayRange',[])
title('mosaics face:3*3');%显示打马赛克的人脸图像
subplot(3,2,4);
imshow(I2,'DisplayRange',[])
title('mosaics face:4*4');%显示打马赛克的人脸图像
subplot(3,2,5);
imshow(I2,'DisplayRange',[])
title('mosaics face:5*5');%显示打马赛克的人脸图像
subplot(3,2,6);
imshow(I2,'DisplayRange',[])
title('mosaics face:6*6');%显示打马赛克的人脸图像
```

运行结果如图 3-5 所示。

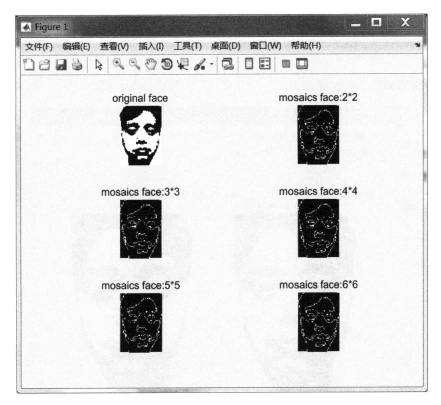

图 3-5 利用 blkproc 函数给人脸打马赛克（不同分块处理效果）

还可以用 blkproc 函数给人脸图像分块取阈值：

```
clc;
clear all;
close all;
I = imread('1.jpg');
I=im2bw(I);
fun = @(x)im2bw(x,graythresh(x));
I2 = blkproc(I,[16 16],fun);
subplot(1,2,1);
imshow(I),
title('original face');%显示原始人脸图像
subplot(1,2,2);
```

```
imshow(I2,'DisplayRange',[])
title('blocked:16*16');% 分块取阈值
```

运行结果如图 3-6 所示。

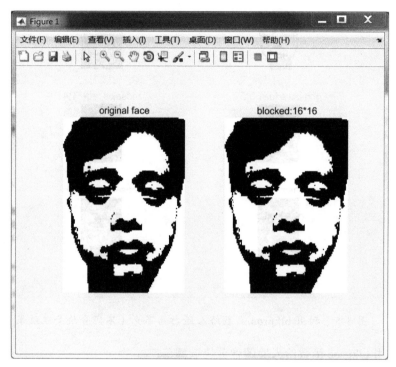

图 3-6 利用 blkproc 函数给人脸图像分块取阈值

在理解了 blkproc 函数的用法后,我们不妨用一个简单的实例进一步探索用 MATLAB 进行人脸图像编码的主要算法思想:

```
clc;
clear all;
close all;

subplot(2,2,1);
I1=imread('2.jpg');%读取人脸图像
imshow(I1);
```

```
title('original face');%显示原始人脸图像
subplot(2,2,2);
I2=im2bw(I1,0.5);    %将人脸图像二值化,阈值为0.5
imshow(I2);
title('binary face'); %显示二值化的人脸图像
subplot(2,2,3);
%开始对人脸图像进行变换编码,采用离散余弦变换
I3=im2double(I1);
D=dctmtx(8);
B=blkproc(I2,[8,8],'P1*x*P2',D,D');
mask=[1 1 1 1 1 1 1 1;1 1 1 1 0 0 0 0;...
1 1 0 0 0 0 1 1;1 0 0 0 1 1 1 0;...
1 0 0 1 1 0 0 1;1 0 1 1 0 0 1 0;...
1 0 1 0 0 1 0 1;1 0 1 0 1 0 1 0];
B2=blkproc(B,[8,8],'P1.*x',mask);
I3=blkproc(B2,[8,8],'P1*x*P2',D',D);%人脸图像编码结束
imshow(I3);
title('DCT coding');
subplot(2,2,4);
%开始对人脸图像进行变换编码,采用二维小波变换
I4=double(I2)/255;

[C,S]=wavedec2(I4,2,'bior3.7');
%对人脸图像用bior3.7小波2层小波分解

ca1=appcoef2(C,S,'bior3.7',1);
%保留小波分解第1层低频信息,进行图像压缩

ca1=wcodemat(ca1,440,'mat',0);
%对第1层信息进行量化编码

%至此人脸图像编码结束!

imagesc(ca1);
colormap(gray);
```

```
%显示第1层(50%分辨率)的图像
title('wavedec2 coding')
```

运行结果如图 3-7 所示。

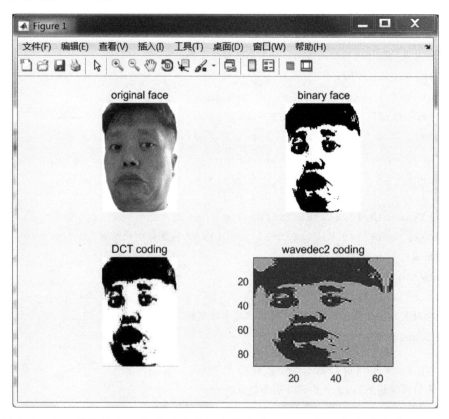

图 3-7　人脸图像编码过程演示（离散余弦变换 dctmtx 与二维小波变换 wavedec2）

从图 3-7 可以看出二维小波变换编码的效果不理想，这是因为利用小波变换进行人脸图像编码涉及更多的细节。这里先对人脸图像用 bior3.7 小波 2 层小波分解，然后保留小波分解第 1 层低频信息，并进行图像压缩，最后对第 1 层信息进行量化编码。显然这些小波变换类型、分解层数、保留层数等编码决策都可能影响到人脸图像编码的质量。由此可见，在用 MATLAB 进行人脸图像编码时，需要重点关注变换类型的选择及相关参数的调整。

3.2 第 2 阶段:进阶

3.2.1 人脸图像采样

人脸识别无疑是体系庞大、算法复杂的高端技术,除了前两章介绍的人脸检测、人脸对齐,数据集调用和人脸图像采样也是非常关键的基础环节。在前两章中,我们尽可能采用容易被更多读者接受的形式安排章节的内容,并没有直接阐述前沿算法,所测试的图片数据也尽可能不涉及数据集。但从本章开始,我们将逐步尝试去介绍一些较前沿的算法及其所使用的数据集。本章讲解的图像稀疏表示及人脸重构问题,在工程实践中的应用主要涉及处理人脸遮挡等不可抗力对人脸识别效果的影响。因此,本节将先分享一些人脸遮挡及噪声处理相关的公开的人脸数据集,然后说明如何加载或调用这些数据集,并在此基础上介绍人脸图像采样。

国际上目前公开的人脸数据库(简称人脸库)主要如下。

(1) Yale 人脸库。由美国耶鲁大学建设管理,模板数量为 15 人,每个人有 11 张照片,主要考虑的因素为光照条件、表情的变化等。Yale 是 Yale University 的简写。

(2) ORL 人脸库。由英国剑桥大学建设管理,模板数量为 40 人,每个人有 10 张照片,主要考虑的因素为表情、面部装饰及微小姿态的变化。ORL 是 Olivetti Research Lab 的简写。

(3) FERET 人脸库。源于美国国防部的一个人脸识别技术工程,这个人脸库提供了一个通用的人脸库及测试标准。每个人有不同表情、光照、姿态和年龄的照片。目前模板的数量以千计,照片的数量以万计,并且在不断扩充!FERET 定期测试不同的识别算法,主要考虑识别算法的研究和实用化。FERET 是 Face Recognition Technology 的简写。

（4）CMU PIE 人脸库。由美国卡内基梅隆大学建设管理，由 68 个人 40000 张照片组成，其中包括 43 种光照条件和每个人的 13 种姿态及 4 种表情变化。CMU 是 Carnegie Mellon University 的简写，PIE 是 POSE（姿态）、ILLUMINATION（光照）和 EXPRESSION（表情）的简写。现有的多姿态人脸识别文献基本上都是在 CMU PIE 人脸库上测试的。

（5）UMIST（University of Manchester Institute of Science and Technology）人脸库。由英国曼彻斯特大学建设管理，模板数量为 20 人，总共 564 张照片，主要考虑的因素为人脸姿态变化。UMIST 是 University of Manchester Institute of Science and Technology 的简写。

（6）Bern 人脸库。由瑞士德语区的伯尔尼大学建设管理，模板数量为 30 人，每个人有 10 张灰度图像，主要考虑了人脸的不同姿态的变化。Bern 是 University Bern 的简写。

（7）AR 人脸库。由美国普渡大学建设和管理，在 Aleix M Martinez 的个人主页上可以下载，包括 126 人的彩色照片，有光照、尺度和表情的变化。这个人脸库将作为本章人脸重构算法实战的测试数据集。

下面介绍数据集加载和调用的一些 MATLAB 函数用法，以及如何添加自己的人脸数据。我们先从初等的 addpath 函数（可以这样记：add path）开始，其调用格式为：

```
syntax:
addpath('directory') %也可以直接用 addpath directory
addpath('dir1','dir2','dir3' ...) %表示添加多个路径，也可以直接用 addpath dir1 dir2 dir3 ... -flag
```

这里 directory 及其简写 dir 是文件路径，例如，输入 addpath E:\MATLAB，就会在 E 盘添加 MATLAB 目录。如果没有这个路径，就会出现警告提示：

```
>> addpath E:\MATLAB
警告: 名称不存在或不是目录: E:\MATLAB
> In path (line 109)
  In addpath (line 88)
```

如果想把该目录下的所有子目录都添加到路径中，则也不用把所有的子目录逐一 addpath，还需要调用 genpath 函数（可以这样记：generate path）来产生完整的路径：

```
addpath (genpath('E:\MATLAB'))
```

如果不再需要这个自主产生的路径，则还可以去除它，需要调用 rmpath 函数（可以这样记：remove path）：

```
rmpath('E:\MATLAB')
```

如果要让变量跟路径产生一些关系，则还需要调用 strcat 函数（可以这样记：string + cat）。在评估人脸重构算法的精度时，需要对数据集内的数百张图片进行批量处理，除了需要用到 for 循环，还需要借助 strcat 函数将变量名 fillname 与文件路径关联起来，例如：

```
for i = 1:15
filename = strcat('C:\Users\wwf\Desktop\人脸识别原理与实战\第3章\书中插图',int2str(i),'.png');
end
```

通过如上代码，在每次循环中 filename 存储的都是 C:\Users\wwf\Desktop\人脸识别原理与实战\第 3 章\书中插图 i.png，这段代码还可以进一步改进如下：

```
filename=[];
for i = 1:15;
tempname = strcat('C:\Users\wwf\Desktop\人脸识别原理与实战\第3章\书中插图',int2str(i),'.png'); %临时文件名关联的路径
filename = [filename;tempname]
end
```

这段代码在 MATLAB 里的运行结果如图 3-8 所示。

```
filename =

C:\Users\wwf\Desktop\人脸识别原理与实战\第3章\书中插图1.png
C:\Users\wwf\Desktop\人脸识别原理与实战\第3章\书中插图2.png
C:\Users\wwf\Desktop\人脸识别原理与实战\第3章\书中插图3.png
C:\Users\wwf\Desktop\人脸识别原理与实战\第3章\书中插图4.png
C:\Users\wwf\Desktop\人脸识别原理与实战\第3章\书中插图5.png
C:\Users\wwf\Desktop\人脸识别原理与实战\第3章\书中插图6.png
C:\Users\wwf\Desktop\人脸识别原理与实战\第3章\书中插图7.png
C:\Users\wwf\Desktop\人脸识别原理与实战\第3章\书中插图8.png
C:\Users\wwf\Desktop\人脸识别原理与实战\第3章\书中插图9.png

错误使用 vertcat
串联的矩阵的维度不一致。
```

图 3-8　filename 函数的运行结果

错误提示的原因是从第 10 幅图片开始，文件名 10.png 比前 9 幅图片的文件路径名的字符串长度多了 1 个单位，因此在批量处理图片时需要考虑文件名长度的统一性，例如，对前 9 幅图片可以将名称编号改为 01.png、02.png……09.png，如果图片有数百张，则将名称编号应改为 001.png、02.png……009.png，修改文件名之后，重新编程即可。还有一种解决办法，无须修改文件名，甚至文件名也无须有规律，直接用 MATLAB 语句即可：

```
A = dir(fullfile('C:\Users\wwf\Desktop\人脸识别原理与实战\第3章\书中插图','*.png'))  %把指定目录下的所有png文件列出来，并把这些文件名的信息存放到一个变量A中，A是一个结构体变量，只要对A进行循环就可以读取所有文件的数据了
```

这个语句主要用到了 dir 函数，在 MATLAB 工作空间里的运行结果如图 3-9 所示。

```
>> A = dir(fullfile('C:\Users\wwf\Desktop\人脸识别原理与实战\第3章\书中插图','*.png'))

A =

15x1 struct array with fields:

    name
    date
    bytes
    isdir
    datenum
```

图 3-9　dir 函数的运行结果

通过 dir 函数可以列出一个目录的内容。在 MATLAB 里还有其他一些文件目录或路径操作函数，例如，filesep（返回当前平台的目录分隔符）、fullfile（将若干字符串连接成一个完整路径、fileparts（将一个完整地址分割成路径、文件名、扩展名、版本号等 4 个部分）、pathsep（返回当前平台的路径分隔符）、exist（与 fullfile 搭配使用时可判断目录或者文件是否存在）、which（通过一个函数或脚本名称得到它的完整路径并能处理函数重载的情况）、isdir（判断一个路径是否代表了一个目录）、cd（用于切换当前工作目录）、pwd（查看当前工作目录的路径）、path（用于对搜索路径进行操作）、what（显示指定目录下有哪些 MATLAB 文件）、path2rc（保存当前搜索路径到 pathdef.m 文件）等。此外还可用 load 函数导入数据（就是已经保存好的 mat 文件中），其功能相当于双击当前工作目录中的某个 mat 文件（换而言之，双击某个 mat 文件，主窗口也会自动加载其中的数据）。

这里用一套 MATLAB 代码演示如何加载人脸图像数据集和建立新的数据文件夹：

```
%%设置路径
tem_facedata = cd;
par.d_facedata         =   [cd '/database/'];
addpath([cd '/RUNTIME/']);

%%设置参数
classnum       =     100;    %样本数
```

```
par.nSample        =    7;       %同一样本的采样数
par.ID             =    [];
par.nameDatabase   =    'AR_disguise';

%%加载人脸数据集
load([par.d_facedata 'AR_database']);
%自定义文件夹,用于添加自己的人脸数据
folder_add = fullfile(pwd, 'database', 'face_add');
folder_adds = dir(folder_add);
```

在 MATLAB 工作区可以看到运行效果,如图 3-10 所示。

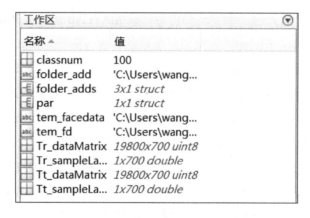

图 3-10　加载人脸数据集及建立新数据文件夹的结果

注意,face_add 是一个自定义文件夹,用来添加自己的人脸数据,如图 3-11 所示。

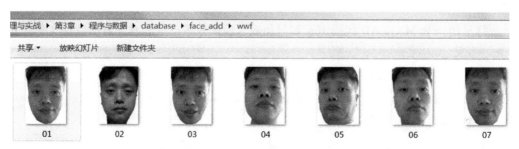

图 3-11　用于扩充人脸数据的自定义文件夹

我们继续来扩展这套 MATLAB 代码,演示如何将自定义文件夹 face_add 里的新数据添加到数据集(即人脸数据库 AR_database)中,可将下面的代码和上述代码连起来运行,也可在运行上述代码后运行下面的代码,就可以调通了:

```matlab
for i = 1 : length(folder_adds)
    if folder_adds(i).isdir == 1 && ~isequal(folder_adds(i).name, '.') && ~isequal(folder_adds(i).name, '..')
    %请根据此行代码进一步理解 isequal 函数的用法

    %开始读取自定义文件夹,添加新数据到 AR_database
        folder_add_j = fullfile(folder_add, folder_adds(i).name);
        %获取当前标签
        classnum      = max(Tr_sampleLabels(:));
%请重点理解这里为什么能这样获取当前标签
        for j = 1 : 7
            %读取人脸图像
            Ij = imread(fullfile(folder_add_j, sprintf('%02d.jpg', j)));
            if ndims(Ij) == 3
                %灰度化
                Ij = rgb2gray(Ij);
            end
            %增加到数据库中
            Tr_dataMatrix(:, end+1) = Ij(:);
            Tr_sampleLabels(:, end+1) = classnum+1;
        end
    end
end
%获取当前标签
classnum      = max(Tr_sampleLabels(:));
Tr_DAT = []; trls = [];
for ci = 1:classnum
    Tr_DAT = [Tr_DAT Tr_dataMatrix(:,1+7*(ci-1)) Tr_dataMatrix(:,5+7*(ci-1):7+7*(ci-1))];
```

```
    trls   = [trls repmat(ci,[1 4])];
end
```

细心的读者会发现，这里获取当前标签时两次调用了 Tr_sampleLabels，在 MATLAB 工作区可以看到运行效果，如图 3-12 所示。

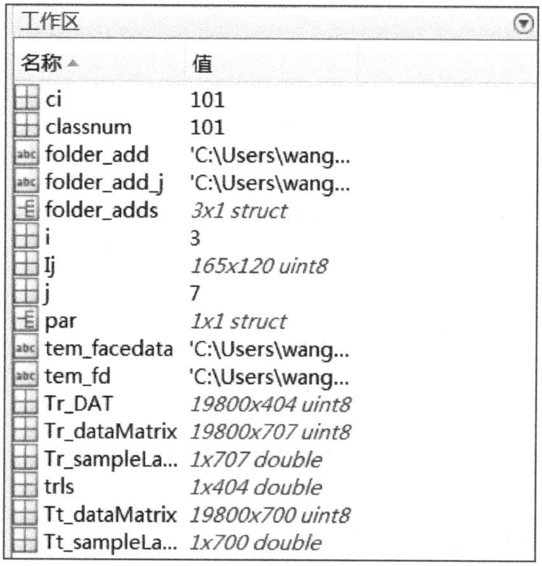

名称	值
ci	101
classnum	101
folder_add	'C:\Users\wang...
folder_add_j	'C:\Users\wang...
folder_adds	3x1 struct
i	3
Ij	165x120 uint8
j	7
par	1x1 struct
tem_facedata	'C:\Users\wang...
tem_fd	'C:\Users\wang...
Tr_DAT	19800x404 uint8
Tr_dataMatrix	19800x707 uint8
Tr_sampleLa...	1x707 double
trls	1x404 double
Tt_dataMatrix	19800x700 uint8
Tt_sampleLa...	1x700 double

图 3-12 将自定义文件夹 face_add 里的新数据添加到 AR_database 的效果

注意，在第 1 次调用 Tr_sampleLabels 之前，代码并没有对其进行定义。善于思考的读者还会进一步问，为什么这段代码可以顺利运行呢？道理很简单，因为加载了 AR_database.mat，里面已经定义了 Tr_sampleLabels，如图 3-13 所示。

最后，我们来看看如何用 MATLAB 实现对数据库中人脸图像的采样。这里先介绍一个与 downsample 函数功能相似的图像降采样函数，即 imresize（可以这样记：image + resize），其功能是改变图像的大小，其调用格式如下：

```
B = imresize(A,m)   %表示把图像 A 放大 m 倍

%扩展用法为
B = imresize(A,m,method)   %用由参数 method 指定的插值运算来改变图像的大小
```

```
B = imresize(A,[mrows ncols],method)
%返回一个 mrows 行、ncols 列的图像,如果与原图的长宽比不同,则图像产生变形

%method 的几种可选值:
%'nearest'(默认值)最近邻插值
%'bilinear'双线性插值
%'bicubic'双三次插值

%还可以进一步扩展:
B = imresize(...,method,n)
B = imresize(...,method,h)
%其中,h 可以是任意一个 FIR 滤波器
%h 通常是由函数 ftrans2、fwind1、fwind2、或 fsamp2 等生成的二维 FIR 滤波器
```

图 3-13　load([par.d_facedata 'AR_database'])的结果演示

下面是一个简单的 MATLAB 代码示例:

```
clc;
clear all;
```

```
close all;
I = imread('1.jpg');
subplot(121)
imshow(I);
title('original')

J =imresize(I,2);%使用默认的最近邻插值法将图像放大两倍
subplot(122)
imshow(J);
title('imresize')
```

运行结果如图 3-14 所示。

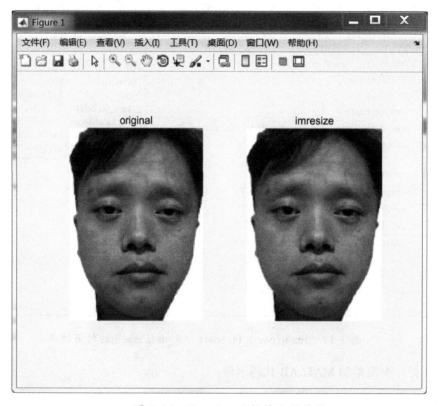

图 3-14　imresize 函数的运行结果

在本节的结尾，我们给出人脸图像采样的 MATLAB 核心代码。有兴趣的读者还可以将下面的代码与运行结果为图 3-10、图 3-11 的代码连贯起来运行，这时不妨先清除在图像采样过程中不再需要的变量：

```
clear Tr_dataMatrix Tr_sampleLabels Tt_dataMatrix Tt_sampleLabels;
```

注意：在 MATLAB 中使用 clear all 运行程序时，会清除子函数中设置的断点，从而会清除所有的变量，包括全局变量 global；要清除部分普通变量，则只能用 clear。

人脸图像采样的 MATLAB 核心代码如下：

```
%读取输入图像
I = '3.jpg'; %也可以在数据库中获取，请尝试
subplot(121),
imshow(I);
title('原图')

%图像采样前的预处理
Tt_DAT = imread(I);
if ndims(Tt_DAT) == 3
    Tt_DAT = rgb2gray(Tt_DAT);
end
%图像预处理结束

%%开始图像采样！

%采样方式为降采样，用函数 imresize 实现

%设置采样参数
im_h      = 42*2;
im_w      = 30*2;

%%图像采样过程如下：
for i = 1:size(Tr_DAT,2)
    tem = reshape(Tr_DAT(:,i),[165 120]);
    tem1 = unit8(imresize(tem,[im_h im_w]));
```

```
        O_Tr_DAT(:,i) = tem1(:);
end

Tem_DAT = [];

for i = 1:1
    tem = Tt_DAT;
    tem1 = unit8(imresize(tem,[im_h im_w]));
    O_Tt_DAT(:,i) = tem1(:);
end
subplot(122),
imshow(Tt_DAT);
title('采样结果')
```

运行结果如图 3-15 所示。

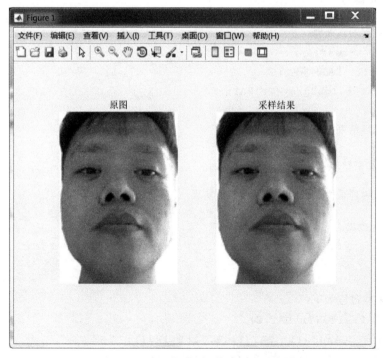

图 3-15 人脸数据采样结果与原图的对照

3.2.2 人脸模板生成

在人脸图像采样的基础上,将人脸的边缘特征、线性特征、中心特征和对角线特征等几何特征进行组合,就可以生成人脸特征模板。但是要实现人脸重构,则还需要在此基础上借助主成分分析建立面部模型,先把人脸图像转换成一个特征向量集,可称之为"Eigenfaces",即"特征脸"。因此,主成分分析(PCA)方法也叫作特征脸方法(eigenfaces)。

我们先来看看人脸模板生成的基本流程。特征脸方法是一种基于整幅图像的人脸识别算法,其主要思想是降维。可以将人脸图像矩阵本身看作高维空间的一个点,例如,可以将一张 128×196 的人脸图像看作一个 25088 维的向量,也可看作一个 25088 维空间中的一点。由于不同人脸的构造相对来说还是比较接近的(可以理解为相关性),所以人脸图像也可以用这个高维空间的一个低维子空间来表示。这个低维子空间可被称为"脸空间"。PCA 的算法思想就是找到"脸空间"的一组基向量(可以将其理解为一个极大线性无关组),从而每一张人脸都可以用这组基向量来线性表示。换而言之,每个人脸图像都是基向量的一个线性组合。将训练样本投影到"特征脸"空间,会得到一组投影向量,构成人脸模板库。

在此基础上,我们再来看特征脸空间在数学上是如何实现的,这里的核心部分还是降维的过程。如果人脸图像在 MATLAB 里的矩阵是 M 行 N 列,那么 $D=M\times N$ 就是人脸图像的维数,即图像空间的维数。为了便于模型的描述,我们将训练样本的数量记为 n,将第 j 幅人脸图像形成的人脸向量表示为 x_j($j = 1,2,\dots,n$),将训练样本的平均图像向量记为 u,即

$$u = \frac{1}{n}\sum_{j=1}^{n} x_j \tag{3-1}$$

从而得到训练样本的协方差矩阵为:

$$S_r = \sum_{j=1}^{N}(x_j - u)(x_j - u)^T \quad (3\text{-}2)$$

显然，矩阵 S_r 的维数是 $D \times D$，令 $A=[x_1\text{-}u\ x_2\text{-}u...x_n\text{-}u]$，则公式（3-2）可以简写为：

$$S_r = AA^T. \quad (3\text{-}3)$$

PCA 降维主要是通过 K-L 变换（Karhunen-Loeve 变换的简称）实现的。我们需要进一步理解 K-L 变换的原理，这样才能继续理解下一步的降维过程。K-L 变换是一种正交变换。设 $[\phi_1,...,\phi_D]$ 是图像空间的一组正交基，则每个人脸图像 X 都是这组基向量的线性组合：

$$X = \sum_{i=1}^{D} a_i \phi_i \quad (3\text{-}4)$$

其中线性系数 a_i（$i = 1,2,...,D$）也可叫作这个人脸图像对应的加权系数。

如果我们把这组基向量构成的正交矩阵记为 Φ，同时将这组加权系数构成的矩阵记为 α，那么公式（3-4）可以用矩阵的形式简写为：

$$X = \Phi \alpha \quad (3\text{-}5)$$

请注意，Φ 是一个正交矩阵，其逆矩阵就是 Φ 的转置，从而可以由公式（3-5）得到

$$\alpha = \Phi^T X \quad (3\text{-}6)$$

公式（3-6）就是 K-L 展开式的系数计算公式，而 K-L 变换的实质就是建立一个新的基向量，尝试去掉那些带有较少信息的基向量，以达到降低特征空间维数的目的。从线性代数的角度也可以理解为尝试找到一个极大线性无关组。学过线性代数的读者知道，这个极大线性无关组是由矩阵 $S_r=AA^T$ 的非零特征值所对应的特征向量组成的。我们可以采用奇异值分解（SVD）定理，通过求解 $A^T A$ 的特征值和特征向量来获得 AA^T 的特征值和特征向量。令 l_i（i=1,2,...,r）为矩阵 $A^T A$ 的 r 个非零特征值，v_i 为 $A^T A$ 对应于 l_i 的特征向量，则 AA^T 的正交归一化特征向量 u_i 为：

$$u_i = \frac{1}{\sqrt{l_i}} = Av_i \quad (i=1,2,...,r) \quad (3\text{-}7)$$

最后，我们可以用公式（3-7）中的 r 个正交归一化特征向量生成特征脸空间。这种由极大线性无关组生成的子空间在线性代数里一般表示为：

$$w=(u_1,\cdots,u_r) \tag{3-8}$$

至此，我们完全理解了人脸模板的生成流程及特征脸子空间的数学实现过程，在此基础上，就可以用 MATLAB 编程计算特征脸了！

首先，我们需要定义一个函数，利用 SVD 定理，通过求解 A^TA 的特征值和特征向量来获得 AA^T 的特征值和特征向量，此函数的 MATLAB 核心代码如下：

```
function [Eigen_Vector,Eigen_Value]=usesvd(Matrix,Eigen_NUM)

[NN,NN]=size(Matrix);
[V,S]=eig(Matrix);  %直接利用 egi 函数计算矩阵特征值

%矩阵对角化
S=diag(S);
[S,index]=sort(S);

%特征值和特征向量初始化
Eigen_Vector=zeros(NN,Eigen_NUM);
Eigen_Value=zeros(1,Eigen_NUM);

%
p=NN;
for t=1:Eigen_NUM
    Eigen_Vector(:,t)=V(:,index(p));
    Eigen_Value(t)=S(p);
    p=p-1;
end
```

所以，利用 SVD 定理，可通过求解 A^TA 的特征值和特征向量来获得 AA^T 的特征值和特征向量，此时训练集（Tr_Set）、特征值数量（Eigen_Num）均已确定，只需要将特征向量正交归一化，即可生成特征脸子空间，而生成特征脸子空间的 MATLAB 核心代

码如下：

```
    [NN,Tr_Num]=size(Tr_Set);%获取训练样本信息
%根据训练样本的大小，计算策略视情况而定
if  NN<=Tr_Num  %判定是否是小样本

    %对小样本的计算策略
    Mean_Image=mean(Tr_Set,2);
    Tr_Set=Tr_Set-Mean_Image*ones(1,Tr_Num);
    R=Tr_Set*Tr_Set'/(Tr_Num-1);
    [V,S]= usesvd(R,Eigen_Num);
    disc_value=S;
    disc_set=V;

else  %不是小样本，就是大样本
    %对大样本的计算策略
    Mean_Image=mean(Tr_Set,2);
    Tr_Set=Tr_SET-Mean_Image*ones(1,Tr_Num);
    R=Tr_Set'*Tr_Set/(Train_Num-1);
    [V,S]= usesvd(R,Eigen_Num);
    disc_value=S;
    disc_set=zeros(NN,Eigen_Num);
     Tr_Set=Tr_Set/sqrt(Tr_Num-1);

    %利用MATLAB下的for循环完成特征向量的正交归一化
    for k=1:Eigen_Num
       disc_set(:,k)=(1/sqrt(disc_value(k)))*Tr_Set*V(:,k);
       end %终止for循环

end %终止工作：特征脸子空间已经生成！
```

最后，将训练样本投影到"特征脸"空间，即可生成人脸模板，MATLAB基础代码如下：

```
disc_value = sqrt((disc_value));
mean_x    =    (Mean_Image+0.001*disc_set*disc_value');
```

3.3 第 3 阶段：实战

本节涉及数据库初始化、遮挡区域验证和人脸重构实战等三部分，结合目前最新的人脸重构算法，分享了笔者对其算法设计思想、建模思路的一些感触和认识，同时分享了笔者在 MATLAB 自定义函数设计、算法的代码实现等方面的实战心得。本节的阶段目标是掌握可用于处理遮挡问题的人脸重构算法，会设计相关的 MATLAB 自定义函数并集成到图形用户界面（GUI），使读者具备算法实现及相关 GUI 的编辑和开发能力。

3.3.1 数据库初始化

人脸图像采样和人脸模板生成为人脸重构实战提供了一部分实践基础。其中，在介绍人脸图像采样的同时，我们也介绍了一些可用于人脸遮挡及噪声处理算法测试的公开数据集，包括 Yale 人脸库、ORL 人脸库、FERET 人脸库、CMU PIE 人脸库、UMIST 人脸库、Bern 人脸库、AR 人脸库等；还介绍了数据集的加载方法，并进一步解释了一些相关的后续问题，例如如何调用一些 MATLAB 函数用法、如何添加自己的人脸数据等。在工程实践中，由于数据集本身组成的复杂性及新增数据来源的多样性，数据库初始化也是一个不可或缺的重要环节。这个环节又可被细化为多个处理步骤，下面将逐一介绍。

在管理和更新人脸库的过程中，我们需要考虑人脸图像大小统一标准的问题。换而言之，需要处理数据库文件，得到新增文件对应的大小，作为新增数据预处理的参考依据。仍然以 AR 人脸库为例，处理数据库文件的 MATLAB 核心代码如下：

```
clc;
clear all;
close all;
```

```
%AR 人脸库加载
load(fullfile(pwd, 'database', 'AR_database.mat'))

%AR 人脸库信息获取
for i = 1 : size(Tr_dataMatrix, 2)
    image_i = reshape(Tr_dataMatrix(:,i),[165 120]);
    class_i = Tr_sampleLabels(1, i);
    foldername_out = fullfile(pwd, 'r', sprintf('%d', class_i));
    if ~exist(foldername_out, 'dir')
        mkdir(foldername_out);
    end

    %新增数据与人脸库原有数据的比对, 为数据库文件处理提供依据
    for j = 1 : 700
        filename = fullfile(foldername_out, sprintf('%03d.jpg', j));
        if ~exist(filename, 'file')
            imwrite(image_i, filename);
            break;
        end
    end
end

%数据库文件处理, 即初始化过程
for i = 1 : size(Tt_dataMatrix, 2)
    image_i = reshape(Tt_dataMatrix(:,i),[165 120]);
    class_i = Tt_sampleLabels(1, i);
    foldername_out = fullfile(pwd, 't', sprintf('%d', class_i));
    if ~exist(foldername_out, 'dir')
        mkdir(foldername_out);
    end

%将新增数据更新到人脸库中
for j = 1 : 700
        filename = fullfile(foldername_out, sprintf('%03d.jpg', j));
```

```
        if ~exist(filename, 'file')
            imwrite(image_i, filename);
            break;
        end
    end
end
```

运行后在 MATLAB 工作区的截图结果如图 3-16 所示。

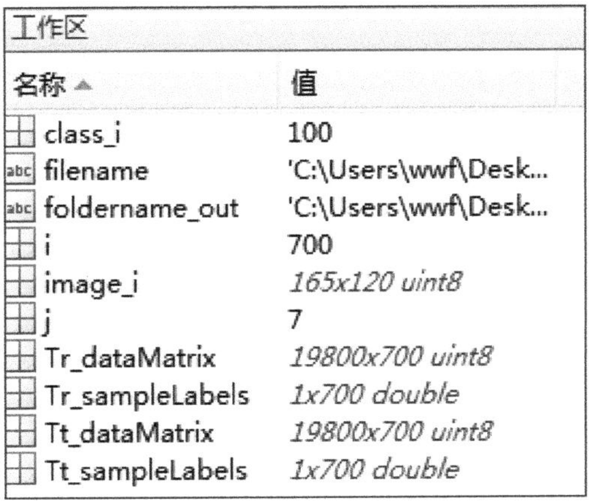

图 3-16 数据库初始化的结果

当然，我们也可以单独处理新增数据库，MATLAB 自定义函数的核心代码如下：

```
function [r_data, r_label] = Init_Db()

%分类数
class_num = 100;

%每一类的样本数
class_sample = 7;

%读取数据库
load(fullfile(pwd, 'database', 'face_db.mat'));

%自定义文件夹
```

```
folder_add = fullfile(pwd, 'database', 'face_add');
folder_adds = dir(folder_add);

%开始循环处理
for i = 1 : length(folder_adds)

if folder_adds(i).isdir == 1 && ~isequal(folder_adds(i).name, '.') && ~isequal(folder_adds(i).name, '..')

%读取文件夹

folder_add_j = fullfile(folder_add, folder_adds(i).name);

%获取当前标签
        class_num = max(r_label(:));

%嵌套了一个子循环
for j = 1 : class_sample

%读取人脸图像
        Ij = imread(fullfile(folder_add_j, sprintf('%02d.jpg', j)));
        if ndims(Ij) == 3

%灰度化
            Ij = rgb2gray(Ij);
        end

%增加到数据库中
        r_data(:, end+1) = Ij(:);
        r_label(:, end+1) = class_num+1;

end

end
```

```
end
```

将此代码保存在 MATLAB 空间中，自定义函数的默认名称是 Init_Db。

在不清空空间变量的情况下，继续运行 Init_Db，就相当于连续进行了两次初始化，先进行了 AR 人脸库初始化，然后完成了新增数据库的处理。请试着分析一下这两轮初始化过程的差异。运行后，MATLAB 的工作区截图如图 3-17 所示。

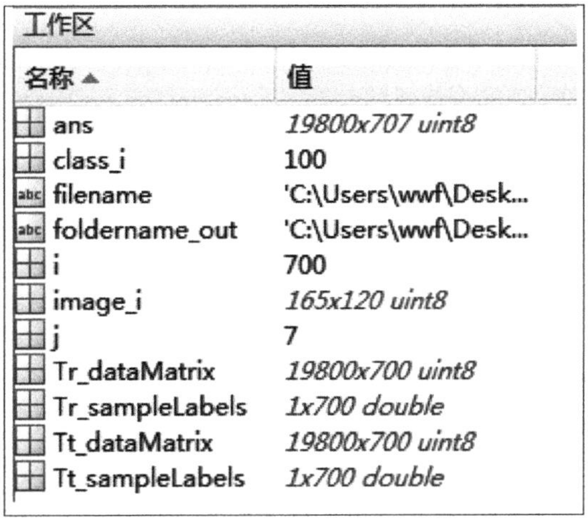

名称	值
ans	19800x707 uint8
class_i	100
filename	'C:\Users\wwf\Desk...
foldername_out	'C:\Users\wwf\Desk...
i	700
image_i	165x120 uint8
j	7
Tr_dataMatrix	19800x700 uint8
Tr_sampleLabels	1x700 double
Tt_dataMatrix	19800x700 uint8
Tt_sampleLabels	1x700 double

图 3-17　自定义函数 Init_Db 的运行结果

作为数据库初始化的收尾工作，为了保持叙述的连续性，同时为下一节做铺垫，我们将前文中的部分核心代码封装成用于进行数据预处理的自定义函数。我们将此函数命名为 Data_PreProcess，涉及图像数据读取和降采样处理，并把降采样后的处理结果存储到工作空间中，这使得我们在下一节可以集中进行遮挡区域验证的核心算法实现。Data_PreProcess 函数在下一节将会被调用。MATLAB 核心代码如下：

```
function [ro_data, rt_data, ru_label] = Data_PreProcess(r_data, r_label, input_file)
%获取当前的分类数
class_num = max(r_label(:));
%整合数据
ru_data = [];
```

```
    ru_label = [];
    for i = 1 : class_num
        ru_data = [ru_data r_data(:,1+7*(i-1))
r_data(:,5+7*(i-1):7+7*(i-1))];
        ru_label = [ru_label repmat(i,[1 4])];
    end
    %读取输入图像
    tu_data = imread(input_file);
    if ndims(tu_data) == 3
        tu_data = rgb2gray(tu_data);
    end
    %%开始降采样:
    %降采样参数设置
    im_h = 84;
    im_w = 60;

    %降采样并存储结果
    ro_data = [];
    for i = 1:size(ru_data,2)
        %提取样本
        tmp = reshape(ru_data(:,i),[165 120]);
        %降采样
        tmp = unit8(imresize(tmp, [im_h im_w]));
        %存储
        ro_data(:,i) = tmp(:);
    end
    rt_data = [];
    for i = 1:1
        %提取样本
        tmp = tu_data;
        %降采样
        tmp = unit8(imresize(tmp,[im_h im_w]));
        %存储
```

```
    rt_data(:,i) = tmp(:);
end
```

3.3.2 遮挡区域验证

遮挡问题一直是目标识别与跟踪的技术瓶颈[1-6]。人脸识别已经变得越来越普遍了。随着人脸识别技术的不断发展，对各种特殊因素的处理也正在趋于成熟，即使在部分人脸区域被遮挡的情况下，仍然可以经过遮挡区域验证和人脸重构，完成人脸识别。利用深度学习等高端算法，可以在一定程度上较可靠地识别被遮挡的面部。即使对于各种妆容（可以理解为微观尺度的遮挡）的人脸数据集，也可以通过神经网络训练，综合利用其他特征，辅助完成人脸识别。例如 Facebook 就通过训练神经网络，进行头发、身体、形状及姿态等特征的深度学习，尝试攻克被遮挡情况下的识别。

值得一提的是，虽然大部分科学研究都是从一个较小的数据集开始的[7-18]，以近似但更容易理解和实现的算法替代精确的面部识别，为工程实践应用提供基础，例如，眼睛、鼻子、嘴唇等面部关键点的位置或者这些面部部位之间的距离。虽然这种算法的研究方式有较明显的缺陷，但是全世界有很多研究团队，对识别算法的更新一直很有效，并且进展迅速。在研究论文里通过算法测试的人脸识别精度与工程实践评估的精度会有一定的差别，但这种差别在安防部门可以接受的范围内，同时安防工程实践不会完全依赖于算法，而是往往与警用录像眼镜综合运用。为了完成遮挡区域验证，需要计算特征脸，我们将前面对应的部分代码整合，同时为了更便于理解，进行了较多的二次编辑，封装成自定义函数 Eigenface。Eigenface 函数的 MATLAB 核心代码如下：

```
function [disc_set,disc_value, mean_image] = EigenFace(ro_data, ro_num)
%%该函数用于计算特征脸
[face_vector_length, faces_number] = size(ro_data);
if face_vector_length <= faces_number
    mean_image = mean(ro_data, 2);
    ro_data = ro_data-mean_image*ones(1,faces_number);
```

```matlab
    rm = ro_data*ro_data'/(faces_number-1);
    [Eigen_Vector, Eigen_Value] = Find_K_Max_Eigen(rm,ro_num);
    disc_value = Eigen_Value;
    disc_set = Eigen_Vector;
else
    mean_image = mean(ro_data,2);
    ro_data = ro_data-mean_image*ones(1,faces_number);
    rm = ro_data'*ro_data/(faces_number-1);
    [Eigen_Vector, Eigen_Value] = Find_K_Max_Eigen(rm, ro_num);
    disc_value = Eigen_Value;
    disc_set = zeros(face_vector_length,ro_num);
    ro_data = ro_data/sqrt(faces_number-1);
    for k = 1:ro_num
        disc_set(:,k) = (1/sqrt(disc_value(k)))*ro_data*Eigen_Vector(:,k);
    end
end
%自定义函数中被调用的子函数放在结尾即可
function [Eigen_Vector, Eigen_Value] = Find_K_Max_Eigen(rm, rm_num)
[rs, ~] = size(rm);
[V,S] = eig(rm);
S = diag(S);
[S,index] = sort(S);
Eigen_Vector = zeros(rs,rm_num);
Eigen_Value = zeros(1,rm_num);
p=rs;
for t=1:rm_num
    Eigen_Vector(:,t) = V(:,index(p));
    Eigen_Value(t) = S(p);
    p = p-1;
end
```

在此基础上,现在给出人脸遮挡区域验证的 MATLAB 核心代码,其中包含两套人脸重构算法。这两套算法由香港理工大学张磊教授团队和南京理工大学杨建教授团队,在 2013

年联合创立并发表于国际权威期刊 *IEEE Transactions on Image Processing*，完整的算法描述请见本书参考文献[19、20]。

其中，第 1 套算法的 MATLAB 核心代码如下：

```matlab
%设置算法参数
iter_number = 15;
beta_init = 8;
median_init = 0.6;
ro_data_double = ro_data_double./repmat(sqrt(sum(ro_data_double.*ro_data_double)),[size(ro_data_double,1) 1]);
beta_once = beta_init(1);
median_once = median_init(1);
eye_matrix = eye(size(ro_data_double,2));
dic_info = size(ro_data_double,2);
lambda_once = 0.0001;
weight_thresh = 5e-2;
weight_gap = [];
%迭代
for li = 1:size(lambda_once,2)
    now_lambda = lambda_once(li);
    ids = [];
    %迭代不同的输入数据
    for pro_i = 1:size(rt_data_double, 2)
        y = double(rt_data_double(:,pro_i));
        % RRC L1
        residual = (y-mean_x).^2;
        residual_sort = sort(residual);
        iter = residual_sort(ceil(median_once*length(residual)));
        beta_init = beta_once/iter;
        w = 1./(1+1./exp(-beta_init*(residual-iter)));
        weight_pref = w;
        norm_y_D = norm(y);
        y = y./norm(y);
```

```
%迭代计算
for nit = 1: iter_number
    tem_w = w./max(w);
    index_w = find(tem_w>1e-3);
    %移除过小的像素点
    w_y = w(index_w).*y(index_w);
    w_d = repmat(w(index_w),[1 size(ro_data_double,2)]).*ro_data_double(index_w,:);
    %稀疏编码
    x_i = zeros(dic_info,1);
    w_i = ones(dic_info,1);
    x = ones(dic_info,1);
    kratio = 0.01;
    innerit = 0;
    yupu_pref = 1000;
    wds = w_d'*w_d;
    wys = w_d'*w_y;
    new_lambda = now_lambda*norm(w_y);
    %稀疏编码迭代
    while norm(x-x_i,2)/norm(x,2) > 1e-2 && innerit <=50
        x_i = x;
        w_l = repmat(w_i,[1 dic_info]);
        w_r = w_l';
        z = (wds.*w_r+new_lambda*eye_matrix)\wys;
        x= w_i.*z;
        x_sort = sort(abs(x));
        yupu = abs(x_sort(ceil(kratio*dic_info)));
        yupu = min(yupu/dic_info,yupu_pref);
        yupu_pref = yupu;
        w_i = sqrt(x.^2+yupu.^2);
        innerit = innerit + 1;
    end
    temp_s = x;
    residual = norm_y_D^2.*(y-ro_data_double*temp_s).^2;
```

```
            residual_sort = sort(residual);
            iter = residual_sort(ceil(median_once*length(residual)));
beta_init = beta_once/iter;
            w = 1./(1+1./exp(-beta_init*(residual-iter)));
            weight_g = norm(w-weight_pref,2)/norm(weight_pref,2);
            weight_pref = w;
            weight_gap = [weight_gap weight_g];
            if weight_g < weight_thresh
                %停止迭代
                break;
            end
        end
        %分类计算
        for class = 1:class_num
            s = temp_s (ru_label_double == class);
            z1 = w.*(y - ro_data_double(:,ru_label_double == class)*s);
            gap1(class) = z1(:)'*z1(:);
        end
        %分类判别
        index = find(gap1==min(gap1));
        ids = [ids index(1)];
        %计算重构图像
        s = temp_s (ru_label_double == index);
        [max_s, ind_max_s] = max(s);
        t = ro_data_double(:,ru_label_double == index);
        y_rec = t(:,ind_max_s)*max_s;
        %输出结果
        origin_image = reshape(unit8(y*norm_y_D),im_h,im_w);
        result_image = reshape(unit8(y_rec*norm_y_D),im_h,im_w);
    end
end
```

第 2 套算法的 MATLAB 核心代码如下：

```matlab
%设置算法参数
iter_number = 30;
beta_init = 8;
median_init = 0.6;
ro_data_double = ro_data_double./repmat(sqrt(sum(ro_data_double.*ro_data_double)),[size(ro_data_double,1) 1]);
beta_once = beta_init(1);
median_once = median_init(1);
eye_matrix = eye(size(ro_data_double,2));
lambda_once = 0.001;
weight_thresh = 5e-2;
weight_gap = [];
%迭代
for li = 1:size(lambda_once,2)
    now_lambda = lambda_once(li);
    ids = [];
    %迭代不同的输入数据
    for pro_i = 1:size(rt_data_double,2)
        y = double(rt_data_double(:,pro_i));
        % RRC_L2
        residual = (y-mean_x).^2;
        residual_sort = sort(residual);
        iter = residual_sort(ceil(median_once*length(residual))); beta = beta_once/iter;
        w = 1./(1+1./exp(-beta*(residual-iter)));
        weight_pref = w;
        norm_y_D = norm(y);
        y = y./norm(y);
        %迭代计算
        for nit = 1: iter_number
            tem_w = w./max(w);
            index_w = find(tem_w>1e-3);
```

```matlab
            %移除过小的像素点
            w_y = w(index_w).*y(index_w);
            w_d = repmat(w(index_w),[1 size(ro_data_double,2)]).*ro_data_double(index_w,:);
            temp_s = (w_d'*w_d+now_lambda*norm(w_y)*eye_matrix)\(w_d'*w_y);
            residual = norm_y_D^2.*(y-ro_data_double*temp_s).^2;
            residual_sort = sort(residual);
            iter = residual_sort(ceil(median_once*length(residual))); beta = beta_once/iter;
            w = 1./(1+1./exp(-beta*(residual-iter)));
            weight_g = norm(w-weight_pref,2)/norm(weight_pref,2);
            weight_pref = w;
            weight_gap = [weight_gap weight_g];
            if weight_g < weight_thresh
                %停止迭代
                break;
            end
        end
        %分类计算
        for class = 1:class_num
            s = temp_s (ru_label_double == class);
            z1 = w.*(y - ro_data_double(:,ru_label_double == class)*s);
            gap1(class) = z1(:)'*z1(:);
        end
        %分类判别
        index = find(gap1==min(gap1));
        ids = [ids index(1)];
        %计算重构图像
        s = temp_s (ru_label_double == index);
        [max_s, ind_max_s] = max(s);
        t = ro_data_double(:,ru_label_double == index);
        y_rec = t(:,ind_max_s)*max_s;
        %输出结果
```

```
        origin_image = reshape(unit8(y*norm_y_D),im_h,im_w);
        result_image = reshape(unit8(y_rec*norm_y_D),im_h,im_w);
    end
end
```

3.3.3 人脸重构实战

在前两节的基础上,我们准备设计人脸重构的 GUI。需要先做一个准备工作,就是定义调用两种算法的函数,将此函数命名为 Main_Process,MATLAB 核心代码如下:

```
function [result_image1, result_image2] = Main_Process(input_file)
if nargin < 1
    %默认参数
    clc;
    input_file = fullfile(pwd, 'test', 'Test1.jpg');
end
%RRC L1 重构
[origin_image1, result_image1] = Reconstruct_L1(input_file);
%RRC L2 重构
[origin_image2, result_image2] = Reconstruct_L2(input_file);
if nargin < 1
    %显示
    figure;
    subplot(2, 2, 1); imshow(origin_image1, []); title('原图像');
    subplot(2, 2, 2); imshow(result_image1, []); title('RRC L1 重构结果');
    subplot(2, 2, 3); imshow(origin_image2, []); title('原图像');
    subplot(2, 2, 4); imshow(result_image2, []); title('RRC L2 重构结果');
end
```

现在设计人脸重构的 GUI,MATLAB 核心代码如下:

```
function varargout = GUI(varargin)
%GUI MATLAB code for GUI.fig
```

```matlab
%      GUI, by itself, creates a new GUI or raises the existing
%      singleton*.
%
%      H = GUI returns the handle to a new GUI or the handle to
%      the existing singleton*.
%
%      GUI('CALLBACK',hObject,eventData,handles,...) calls the local
%      function named CALLBACK in GUI.M with the given input arguments.
%
%      GUI('Property','Value',...) creates a new GUI or raises the
%      existing singleton*.  Starting from the left, property value pairs are
%      applied to the GUI before GUI_OpeningFcn gets called.  An
%      unrecognized property name or invalid value makes property application
%      stop.  All inputs are passed to GUI_OpeningFcn via varargin.
%
%      *See GUI Options on GUIDE's Tools menu.  Choose "GUI allows only one
%      instance to run (singleton)".
%
%See also: GUIDE, GUIDATA, GUIHANDLES

%Edit the above text to modify the response to help GUI

%Last Modified by GUIDE v2.5 19-Dec-2017 12:01:41

%Begin initialization code - DO NOT EDIT
gui_Singleton = 1;
gui_State = struct('gui_Name',       mfilename, ...
                   'gui_Singleton',  gui_Singleton, ...
                   'gui_OpeningFcn', @GUI_OpeningFcn, ...
                   'gui_OutputFcn',  @GUI_OutputFcn, ...
                   'gui_LayoutFcn',  [] , ...
                   'gui_Callback',   []);
if nargin && ischar(varargin{1})
    gui_State.gui_Callback = str2func(varargin{1});
```

```
end

if nargout
    [varargout{1:nargout}] = gui_mainfcn(gui_State, varargin{:});
else
    gui_mainfcn(gui_State, varargin{:});
end
%End initialization code - DO NOT EDIT

function InitAxes(handles)
%全局变量声明
global img_filename;
global img_L1;
global img_L2;
%清理
clc;
%设置和清理默认的坐标系
axes(handles.axes1); cla reset;axis off;
axes(handles.axes8); cla reset;axis off;
axes(handles.axes9); cla reset;axis off;


%--- Executes just before GUI is made visible.
function GUI_OpeningFcn(hObject, eventdata, handles, varargin)
%This function has no output args, see OutputFcn.
%hObject    handle to figure
%eventdata  reserved - to be defined in a future version of MATLAB
%handles    structure with handles and user data (see GUIDATA)
%varargin   command line arguments to GUI (see VARARGIN)

%Choose default command line output for GUI
handles.output = hObject;

%初始化窗体
InitAxes(handles);
```

```matlab
%设置默认的窗体名称
set(handles.figure1,'Name','人脸检测 Demo');
%Update handles structure
guidata(hObject, handles);

%This sets up the initial plot - only do when we are invisible
%so window can get raised using GUI.
if strcmp(get(hObject,'Visible'),'off')
    plot(rand(5));
end

%UIWAIT makes GUI wait for user response (see UIRESUME)
%uiwait(handles.figure1);

%--- Outputs from this function are returned to the command line.
function varargout = GUI_OutputFcn(hObject, eventdata, handles)
%varargout  cell array for returning output args (see VARARGOUT);
%hObject    handle to figure
%eventdata  reserved - to be defined in a future version of MATLAB
%handles    structure with handles and user data (see GUIDATA)

%Get default command line output from handles structure
varargout{1} = handles.output;

%--- Executes on button press in pushbutton1.
function pushbutton1_Callback(hObject, eventdata, handles)
%hObject    handle to pushbutton1 (see GCBO)
%eventdata  reserved - to be defined in a future version of MATLAB
%handles    structure with handles and user data (see GUIDATA)
%全局变量声明
global img_filename;
global img_L1;
global img_L2;
%打开文件选择对话框
[filename, pathname] = uigetfile( ...
```

```matlab
        {'*.jpg;*.tif;*.png;*.gif','All Image Files';...
        '*.*','All Files' },...
        '请选择要测试的图片', ...
        fullfile(pwd, 'test', 'Test1.jpg'));
%如果取消选择，则不进行操作
if isequal(filename, 0) || isequal(pathname, 0)
    return;
end
%显示选择的文件
fprintf('file=%s%s\r\n',pathname,filename);
%生成文件路径
img_filename = fullfile(pathname, filename);
%读取
img = imread(img_filename);
%Clear
InitAxes(handles);
pause(0.1);

%调用函数
hw = waitbar(0.5,'Please wait...');
[img_L1,img_L2] = Main_Process(img_filename);
close(hw);

%显示
axes(handles.axes1); imshow(img, []);title('原始图像');
axes(handles.axes8); imshow(img_L1, []);title('重构图像【RRC L1 方法】');
axes(handles.axes9); imshow(img_L2, []);title('重构图像【RRC L2 方法】');

%--------------------------------------------------------------------
function FileMenu_Callback(hObject, eventdata, handles)
%hObject    handle to FileMenu (see GCBO)
%eventdata  reserved - to be defined in a future version of MATLAB
%handles    structure with handles and user data (see GUIDATA)
```

```matlab
%--------------------------------------------------------------
function OpenMenuItem_Callback(hObject, eventdata, handles)
%hObject    handle to OpenMenuItem (see GCBO)
%eventdata  reserved - to be defined in a future version of MATLAB
%handles    structure with handles and user data (see GUIDATA)
file = uigetfile('*.fig');
if ~isequal(file, 0)
    open(file);
end

%--------------------------------------------------------------
function PrintMenuItem_Callback(hObject, eventdata, handles)
%hObject    handle to PrintMenuItem (see GCBO)
%eventdata  reserved - to be defined in a future version of MATLAB
%handles    structure with handles and user data (see GUIDATA)
printdlg(handles.figure1)

%--------------------------------------------------------------
function CloseMenuItem_Callback(hObject, eventdata, handles)
%hObject    handle to CloseMenuItem (see GCBO)
%eventdata  reserved - to be defined in a future version of MATLAB
%handles    structure with handles and user data (see GUIDATA)
selection = questdlg(['Close ' get(handles.figure1,'Name') '?'],...
    ['Close ' get(handles.figure1,'Name') '...'],...
    'Yes','No','Yes');
if strcmp(selection,'No')
    return;
end

delete(handles.figure1)

%--- Executes on selection change in popupmenu1.
function popupmenu1_Callback(hObject, eventdata, handles)
%hObject    handle to popupmenu1 (see GCBO)
```

```
%eventdata  reserved - to be defined in a future version of MATLAB
%handles    structure with handles and user data (see GUIDATA)
%Hints: contents = get(hObject,'String') returns popupmenu1 contents as cell array
%        contents{get(hObject,'Value')} returns selected item from popupmenu1

%--- Executes during object creation, after setting all properties.
function popupmenu1_CreateFcn(hObject, eventdata, handles)
%hObject    handle to popupmenu1 (see GCBO)
%eventdata  reserved - to be defined in a future version of MATLAB
%handles    empty - handles not created until after all CreateFcns called

%Hint: popupmenu controls usually have a white background on Windows.
%       See ISPC and COMPUTER.
if ispc && isequal(get(hObject,'BackgroundColor'), get(0,'defaultUicontrolBackgroundColor'))
    set(hObject,'BackgroundColor','white');
end

set(hObject, 'String', {'plot(rand(5))', 'plot(sin(1:0.01:25))', 'bar(1:.5:10)', 'plot(membrane)', 'surf(peaks)'});

%--- Executes on button press in pushbutton2.
function pushbutton2_Callback(hObject, eventdata, handles)
%hObject    handle to pushbutton2 (see GCBO)
%eventdata  reserved - to be defined in a future version of MATLAB
%handles    structure with handles and user data (see GUIDATA)
close;
```

细心的读者会注意到我们在这里保留了 GUI 的一些英文注释，可帮助进一步加深理解。

运行结果是一个操作界面，我们可以自行操作（程序运行会花费一些时间）。这里仅展示最复杂的遮挡情形的人脸重构结果，如图 3-18 所示。

第 3 章 图像采样编码及人脸重构

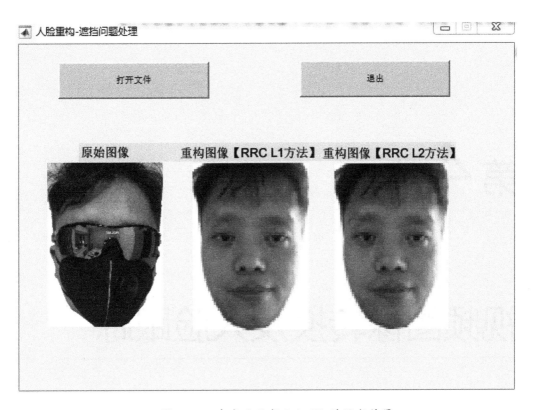

图 3-18 自定义函数 Init_Db 的运行结果

第4章

视频图像转换及人脸跟踪

  大脑不仅能准确地识别图片中的人脸,而且能很好地识别视频中的人脸。这是因为视频其实就是一个图像序列。视频生成技术是利用人类的"视觉滞留"原理,将多幅图像以每秒超过 24 帧的速度播放,形成平滑、连续的画面,即视频。大脑在识别人脸对应的身份后,在感兴趣的情况下,会尝试在视频里的每一张图片中去找寻这张人脸;如果大脑暂时无法识别某个人脸,但是仍然感兴趣,则也会尝试在视频里的每一张图片中定位这张人脸,并尝试识别对方的身份。因此,视频人脸跟踪也是与人脸识别有紧密联系的一个关键环节。在工程实践中,有时需要在识别的基础上跟踪,有时则需要在跟踪的基础上识别,无论哪一种情况,人脸跟踪都是人脸识别算法设计必须要考虑的问题。

第4章 视频图像转换及人脸跟踪

4.1 第1阶段：入门

4.1.1 视频转换问题

鉴于视频的实质是图像序列，所以视频人脸跟踪的算法思想可被解读为先把视频转换为图像序列（在 MATLAB 及 OpenCV 中，与这一步关联的操作被称为读视频），然后对序列中的每一幅图像进行人脸检测处理，最后将处理好的图像序列还原成视频（与这一步关联的操作被称为写视频），即可实现人脸跟踪的效果。这自然引出了图像视频转换的问题。

借助图像视频转换形成的人脸跟踪效果主要取决于人脸检测效果。而人脸跟踪的中心目标还是人脸识别。我们在前 3 章已经接触过人脸检测、人脸对齐、人脸重构（识别），并基于最简单的一些模型完成了 MATLAB 编程，但是作为本书的开端，我们考虑的主要是在较理想的情形下进行检测、对齐和识别。在真正的工程实践中，人脸识别并没有那么简单，其识别效果及算法选择要考虑光照、姿态、遮挡、表情及年龄变化等诸多因素的影响。

（1）光照问题是人脸识别中的老问题，克服光照影响的算法思想是对人脸区域的左、右脸分别进行直方图均衡化，然后合并成整脸来克服光照的影响。

（2）姿态及表情问题也是人脸识别研究中需要解决的一个技术难点，在发生俯仰或者左右侧倾幅度比较大的情况下，识别率会急剧下降。此外，哭、笑、愤怒等表情变化往往也伴随着微观的姿态变化。克服姿态、表情变化影响的算法思想是经过某个数学变换，将人脸变换成正脸，或将表情变化还原，然后进行识别。

（3）对于遮挡问题，我们在第 3 章中已经讨论过，在视频监控环境下，眼镜、帽子等饰物或者刘海、伤疤等都可能造成遮挡问题，这时检测出来的人脸图像有可能不完整。在第 3 章中我们已经知道克服遮挡影响的常用算法是人脸重构，人脸重构首先要有完整的人脸库（对于没有入库的遮挡人脸，则只能在人脸库里找到与其最相似的人脸，这样就会导致误判），其算法思想是先进行特征点的标记或计算特征脸，然后进行图像稀疏编码，使得在提取特征点周围的特征时，能尽可能地减少遮挡的影响。

（4）存在年龄变化的问题。对于处于快速发育期的青少年或者年龄跨度大的其他情形，算法识别率也会受到影响，这也是身份证有时效限制的原因。要克服年龄变化的影响，人脸识别算法的设计需要结合人的发育规律和医学、生物学的研究成果，来尝试找到人脸随年龄变化的一般规律。

在工程实践中识别率还会受视频（作为图像序列，视频采集也可以被理解为快速的图像采集）或图像采集质量的制约。由于采集设备的不同，人脸采集效果也会受到图像质量的影响，特别是手机拍摄或远程监控往往会生成低分辨率、噪声大、质量差的视频及人脸图像。在现实中还存在一些更复杂的问题，例如，随着人脸数据库规模的增长，视频监控有时会面临大规模人脸识别的问题，图像视频转换耗时较多，识别算法的性能也将下降，同时，当训练图像库越来越大时，训练的速度也会有大幅度下降。传统的识别算法如 PCA、LDA 等对于海量数据的训练过程甚至都难以应用，近年来火起来的深度学习等高端算法可以训练上万张人脸图像，但是训练时间较长，虽然基于高性能的配置，再使用并行处理，训练速度会有较大的提升，但是图像大小的统一化是无法规避的环节。高端算法对图像的规格有很严格的要求，例如大小一致等。有人说，那就减少样本的数量，避免大规模的人脸识别。但是这样可能会导致样本缺乏。目前，人脸识别领域中的主流算法都需要大量的训练和统计学习，要求样本有一定的完备性。总之，图像视频变换不是一个独立的问题。

4.1.2　视频转换函数

如前所述，视频图像转换是视频读写层面的技术。虽然 MATLAB 没有自带的视频转换函数，但是其视频图像处理工具箱已经相当成熟和完善，使得用户可以轻易地设计自定义函数，用于视频转换处理。很显然，要进行图像视频转换，首先应该进行视频、图像等文件路径操作，除了在第 3 章中已经介绍过的 rmpath、genpath、addpath、strcat、dir、filesep、fullfile、fileparts、pathsep、exist、which、isdir、cd、pwd、path、what、path2rc、load 等函数，还有很多函数可用于视频图像路径操作，例如 uigetfile、uigetdir 等函数。

uigetfile 函数的调用格式如下：

```
[FileName,PathName,FilterIndex]=uigetfile
[FileName,PathName,FilterIndex]=uigetfile('FileSpec')
[FileName,PathName,FilterIndex]=uigetfile('FileSpec','DialogTitile','Default
Name')%返回参数  第1项为文件的名称，第2项为路径，第3项为文件类型的索引值（非0代表选择
了打开，索引值对不同的类型赋值；0代表选择了取消）
%输入：
%'FileSpec': 文件类型设置（*.m , *.mat ,*.dig ,*.mdl）
      %'DialogTitile': 设置文件打开对话框的标题
      %'DefaultName': 默认的文件名称
%输出：
%FileName: 返回文件名
%PathName: 返回文件的路径名
%FilterIndex: 选择的文件类型
```

具体用法如下：

```
%1）可以只设置一种文件类型：
[FileName,PathName] =uigetfile('*.m','Select the M-file');
%2）也可以设置多种文件类型：
[filename, pathname] = ...
     uigetfile({'*.m';'*.mdl';'*.mat';'*.*'},'FileSelector');
%3）在设计GUI时，用户还可以设置文件类型的说明，以便进行更直观的操作：
[filename, pathname] = uigetfile( ...
{'*.m;*.fig;*.mat;*.mdl','MATLAB Files(*.m,*.fig,*.mat,*.mdl)';
 '*.m',  'M-files (*.m)'; ...
 '*.fig','Figures (*.fig)'; ...
 '*.mat','MAT-files (*.mat)'; ...
 '*.mdl','Models (*.mdl)'; ...
 '*.*',  'All Files (*.*)'}, ...
 'Pick a file');
%4）如果要设置文件多选，并返回选择的文件类型序号，则可以用：
 [filename, pathname, filterindex] =uigetfile( ...
{ '*.mat','MAT-files(*.mat)'; ...
```

```
    '*.mdl','Models (*.mdl)'; ...
    '*.*', 'All Files (*.*)'}, ...
    'Pick a file', ...
    'MultiSelect', 'on');
%filename 的返回值是元胞类型；如果用户只选了一个文件，则 filename 的返回值为字符串。
%5) 当然，还可以根据需要，设置默认的文件名：
uigetfile({'*.jpg;*.tif;*.png;*.gif','AllImage Files';...
       '*.*','All Files' },'mytitle',...
       'C:\Work\myfile.jpg')
%6) 还可以与 fullfile 函数结合使用，将路径和文件名组合起来，例如：
[filename, pathname] = uigetfile('*.m','Pick an M-file');
if isequal(filename,0)
   disp('User selected Cancel')
else
   disp(['User selected', fullfile(pathname, filename)])
end
```

现在，我们通过一个简单的 MATLAB 实例来进一步理解 uigetfile 函数的用法。我们知道，高端算法对图像的规格有很严格的要求，图像大小的统一化则是无法规避的环节。在这里我们演示一下如何统一修改图片的大小，实现图片文件的批量缩放：

```
clc;
clear all;
close all;
scale=inputdlg('规则说明(若我们设置的缩放比大于1，则为放大，等于1则尺寸无变化，小于1则为缩小)','请确定缩放比',1,{'0.5'});
%inputdlg 函数会启动一个要求用户输入信息的对话框，调用格式为：
%answer =inputdlg(prompt,dlg_title,num_lines,defAns,options)
%prompt 是输入文本框的标签；
%dlg_title 是对话框的标题；
%num_lines 是输入文本框的行数；
%defAns 是默认的文本框内容；
%options 是一些可选的对话框选项，例如，options.Resize='on', options.WindowStyle='normal', options.Interpreter='tex'等。
```

```
    [filename, pathname] = uigetfile( ...
      {'*.jpg;*.tif;*.png;*.gif','All Image Files';...
       '*.*','All Files' },...
       '请选择要修改的图片（温馨提示：可以同时选择任意多个）', ...
       'MultiSelect', 'on');
%%获取并整合文件名的信息
if ~iscell(filename)
    filename1{1}=filename;
else
    filename1=filename;
end
%%开始进行批量图片缩放
for i=1:length(filename1)
    image=imread(strcat(pathname,filename1{i}));
    image_resize=imresize(image,eval(scale{1}));
```

%eval(s)即把字符串 s 的内容当作语句来执行。例如，eval('scale{1}')和直接在 command 窗口中输入 scale{1}等效，scale 函数主要是限定数值的范围（可以这样记：scale=尺度=范围），这里代码运行结束后，在 command 窗口中输入 scale{1}，即可看到 scale{1}等于我们指定的缩放比，与 image_resize=imresize(image,eval(scale{1}))命令功能类似的还有 imagesc 函数。

```
        imwrite(image_resize,strcat(pathname,datestr(now,
'mmddHH'),filename1{i}));
```

subplot(4,4,i),imshow(image_resize);%处理结果显示，这行代码可以根据我们计划选择的图片数量修改，这里我们计划选择 4×4=16 张图片处理。

```
end
%批量缩放结束
```

程序运行开始时会提示用户设置缩放比，如图 4-1 所示。

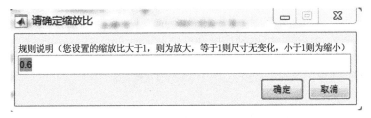

图 4-1　设置缩放比的提示

我们在编程时设置了默认的缩放比为 0.6，用户可以根据实际需要修改缩放比，例如，可以改为 0.68。在单击"确定"按钮后，会提示选择图片，我们选择了 16 张图片，如图 4-2 所示。

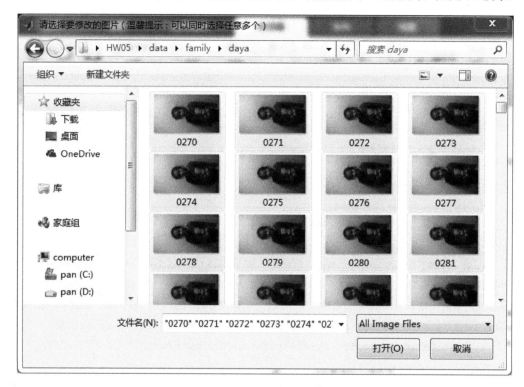

图 4-2　图片的批量选择

单击"打开"按钮，就会对我们选择的 16 张图片按照缩放比 0.68 处理，结果如图 4-3 所示。

函数 uigetdir 的调用格式如下：

```
folder_name = uigetdir
folder_name = uigetdir(start_path)
folder_name =uigetdir(start_path,dialog_title)
%start_path 为默认的路径，dialog_title 为对话框名称
```

在理解 uigetfile、uigetdir 函数的用法的基础上，现在我们可以开始设计用于视频转换的

第 1 个自定义函数了，即图像序列获取函数。请将下面的代码复制到 MATLAB 编译器中，并保存为 GetImageFiles.m：

```
function dirName = GetImageFiles()
%数据库路径
ImgFileName = 'wangwenfeng';
dirName = fullfile(pwd, 'data', ImgFileName, 'daya');
dirName = uigetdir(dirName);
if isequal(dirName, 0)
    return;
end
```

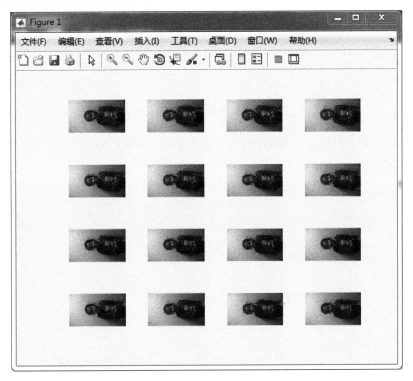

图 4-3　16 张图片批量缩放结果

通过运行这个程序，可以选择图像序列所在的文件夹，如图 4-4 所示。

图 4-4　选择图像序列所在的文件夹

接下来设计将视频转化为图像序列的自定义函数，请将下面的代码复制到 MATLAB 编译器中，并保存为 Video2Images.m：

```
%%主函数的定义：
function nFrames = Video2Images(videoFilePath)
%输入参数：
%videoFilePath——视频路径信息
%输出参数：
%videoImgList——视频图像序列
clc;
if nargin < 1
    videoFilePath = fullfile(pwd, 'video', 'wangyanbo.avi');
%这一行很关键！定义了视频路径（所在文件夹）及视频文件的名称（含扩展名）。
end
nFrames = GetVideoImgList(videoFilePath);
%%子函数定义
```

```
function nFrames = GetVideoImgList(videoFilePath)
%获取视频图像序列
%输入参数:
%videoFilePath——视频路径信息
%输出参数:
%videoImgList——视频图像序列
xyloObj = VideoReader(videoFilePath);
%视频信息
nFrames = xyloObj.NumberOfFrames;
video_imagesPath = fullfile(pwd, 'video_images');
%这一行也很关键,创建video_images文件夹,以保存由视频转换获取的图像序列
if ~exist(video_imagesPath, 'dir')
    mkdir(video_imagesPath);
end
%检查是否已经处理完毕
files = dir(fullfile(video_imagesPath, '*.png'));
if length(files) == nFrames
    return;
end
%进度条提示框
h = waitbar(0, '', 'Name', '获取视频图像序列...');
steps = nFrames;
for step = 1 : nFrames
    temp = read(xyloObj, step);
    temp_str = sprintf('%s\\%03d.png', video_imagesPath, step);
    imwrite(temp, temp_str);
    pause(0.01);
    waitbar(step/steps, h, sprintf('已处理:%d%%', round(step/nFrames*100)));
end
close(h)
```

通过运行这个程序,会将指定的视频文件转换为图像序列,转换过程如图4-5所示。

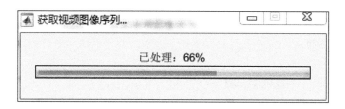

图 4-5 将视频转换为图像序列的过程

在程序运行结束后,我们会发现在当前目录下多了一个 video_images 文件夹,这个文件夹包含的图像就是由指定的视频转换得到的图像序列,默认的储存为 png 文件,如图 4-6 所示。

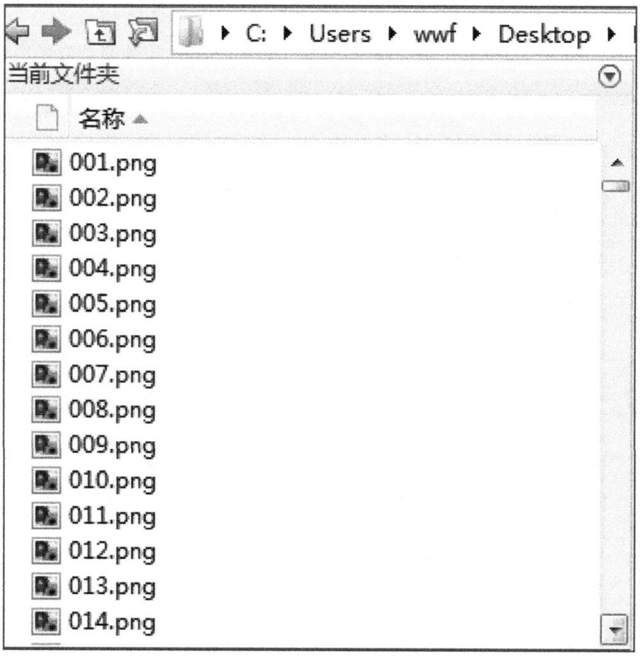

图 4-6 视频转换结果为 video_images 包含的图像序列

反过来也可以将图像序列转换或还原为视频,请将下面的代码复制到 MATLAB 编译器中,并保存为 Images2Video.m:

```
function Images2Video(ImgFilePath, FileName_out)
%将图像序列转换为视频
%输入参数:
```

```
%ImgFilePath——图片序列路径信息
%输出参数：
%FileName_out——转换得到的视频存储所用的文件名
%清理空间变量
clc;
%起始帧
startnum = 1;
%默认的结束帧为JPG图像的数量
endnum = size(ls(fullfile(ImgFilePath, '*.jpg')), 1);
%创建对象句柄
writerObj = VideoWriter(FileName_out);
%设置帧率
writerObj.FrameRate = 24;
%开始打开
open(writerObj);
%进度条
h = waitbar(0, '', 'Name', 'Write Video File...');
%总帧数
steps = endnum - startnum;
for num = startnum : endnum
    %当前序号的名称
    file = sprintf('%04d.jpg', num);
    %当前序号的位置
    file = fullfile(ImgFilePath, file);
    %读取
    frame = imread(file);
    %转化为帧对象
    frame = im2frame(frame);
    %写出
    writeVideo(writerObj,frame);
    %刷新
    pause(0.01);
    %进度
    step = num - startnum;
```

```
    %显示进度条
    waitbar(step/steps, h, sprintf('Process:%d%%', round(step/steps*100)));
end
%关闭句柄
close(writerObj);
%关闭进度条
close(h);
```

这里调用了 MATLAB 自带的 VideoWriter 函数,这个函数名很容易理解,与此函数关联的还有 VideoReader 函数,下面介绍这两个视频读写函数的用法。

VideoReader 函数用于读取视频文件对象,调用格式如下:

```
obj = VideoReader(filename)
obj = VideoReader(filename,Name,Value)
%返回的 obj 为结构体,具体包括如下元素:
%Name - 视频的文件名
%Path - 视频的文件路径
%Duration - 视频的总时长(秒)
%FrameRate - 视频的帧速(帧/秒)
%NumberOfFrames - 视频的总帧数
%Height -帧图像的高度
%Width -帧图像的宽度
%BitsPerPixel - 视频帧的单位像素数据长度(比特)
%VideoFormat - 视频的类型,如 'RGB24'.
%Tag - 视频对象的标识符,默认为空字符串,即''
%Type - 视频对象的类名,默认为'VideoReader'.
%UserData - 用户想添加到 obj 的任何数据,例如,视频的总帧数为 numFrames = obj.NumberOfFrames;若不想添加任何数据,则也可以用 Default,相当于[].
```

由此可见,通过 MATLAB 图像视频处理工具箱里的 VideoReader 函数,不仅能获取多种格式的数字视频信息,而且可以将视频文件对象作为结构体读取。VideoReader 函数在不同的系统平台下可读取的视频文件类型也不同。在所有 Windows 系统下,VideoReader 函数可以读取.mpg、.wmv、.asf、.asx 和其他 Microsoft DirectShow 支持的类型;在 Windows 7 系统下，VideoReader 函数可读取.mp4、.m4v、.mov 和任何 Microsoft Media Foundation 支持的类型；在 Mac 系统下，VideoReader 函数可以读取.mpg、.mp4、.m4v、.mov 和 QuickTime 支持的类型；在 Linux 系统下，VideoReader 函数可读取 GStreamer 支持的类型。在视频人脸识别的 MATLAB 实现中也经常用到 VideoReader 函数。此外，我们还可以用 getProfiles 查看在当前系统平台下，VideoWriter 可以支持写入的视频类型，调用格式如下：

```
profiles = VideoWriter.getProfiles()
```

包含人脸的图像数据通常有两个来源，一个来源是由包含人脸的视频转换得到的图像序列，另一个来源是直接采集的人脸图像数据。不管是哪一种来源，MATLAB 都可以将人脸图像以矩阵的形式读入工作空间中，从而将对视频图像的处理简化为对矩阵数据的处理。在完成处理之后又可以通过图像显示这一环节将矩阵数据还原成图像，当然，也可以借助图像视频转换，将处理后的图像序列还原成视频。

利用 MATLAB 采集包含人脸的视频和图像，大致分为如下几个步骤。

（1）安装和配置视频图像采集设备。

（2）获取能够唯一标识这个视频图像采集设备的硬件信息。

（3）创建视频输入对象。

（4）预览视频流。

（5）配置视频对象的属性。

（6）获取包含人脸的视频或图像数据。

VideoWriter 函数与 VideoReader 函数的用法相似，调用格式如下：

```
%函数的基本功能为创建视频写入对象：
writerObj = VideoWriter(filename)
%创建一个视频写入对象。当 filename 没有扩展名时，默认的视频为.avi 文件。
%可以指定视频的类型，然后创建一个符合指定类型的视频作为写入对象。
writerObj = VideoWriter(filename,profile)
% profile 用于指定视频类型，其可能的值及对应的视频对象类型如下：
```

```
%'Archival': .mj2 文件。
%'Motion JPEG AVI': .avi 文件。
%'Motion JPEG 2000': .mj2 文件。
%'MPEG-4': .mp4 或.m4v 文件。
%'Uncompressed AVI': .avi 文件。
%如果没有给出profile的数值,则它仍然默认为'Motion JPEG AVI',即.avi 文件
```

下面给出一个利用 VideoWriter 函数将.png 图像序列合成.avi 视频的 MATLAB 代码:

```
srcDir=uigetdir('Choose source directory.'); %获得选择的文件夹
cd(srcDir);
allnames=struct2cell(dir('*.png'));
[k,len]=size(allnames); %获得png文件的个数
MyObj = VideoWriter('wwffile.avi');%初始化一个avi文件
writerObj.FrameRate = 96;
open(MyObj);
for i=1:len
    %逐次取出文件
    name=allnames{1,i};
    I=imread(name); %读取文件
    writeVideo(MyObj,I);
end
close(MyObj);
```

细心的读者还会发现,在视频图像转换中还用到了其他 MATLAB 工具箱函数,例如,open(打开视频写入对象)、close(关闭视频写入对象),这两个函数的用法类似,分别在写入视频对象前和写入完成后使用。例如,Images2Video.m 的最后两行代码是:

```
close(writerObj); % 关闭句柄
close(h); % 关闭进度条
```

4.2 第2阶段：进阶

4.2.1 视频压缩感知

传统的视频采样算法多是基于奈奎斯特采样定理进行高速采样的，在采样的过程中产生了庞大的数据。为了降低存储或者传输的成本，在采样后得到的大部分视频数据都被丢弃了，所以这种方式造成了采样资源的严重浪费。Donoho、Candes 及 Tao 等人提出压缩感知（Compressed Sensing，CS）理论，其主要思想是利用信号的稀疏特性，在采样的同时进行数据的压缩，通过求解凸优化问题就可以实现信号的精确重构。虽然压缩感知有广泛的应用前景，但是也涉及许多重要的数学理论[21-28]，本节将结合目标区域定位，将压缩感知的思想运用到视频压缩感知和目标跟踪方面。

视频压缩跟踪的算法思想仍然以压缩感知算法的中心思想（信号的压缩和重构）为内核。因此，视频信号的稀疏表示是视频压缩感知理论应用的基础和前提，只有选择合适的基来表示视频信号，才能保证视频信号的稀疏度，并保证视频信号的恢复精度。假设有一组视频信号 $f(f \in R^N)$，长度为 N，基向量为 $\psi_i (i=1,2...,N)$，则对视频信号进行变换：

$$\psi_i (i=1,2...,N) \text{ 或 } f = \psi \alpha$$

其中，f 是视频信号在时域的表示，α 是视频信号在 ψ 域的表示。若 α 只有 K 个是非零值（$N >> K$）或仅经排序后按指数级衰减并趋近于零，则可认为视频信号是稀疏的。近年来，对视频稀疏表示研究的一个热点是视频信号在冗余字典下的稀疏分解，换而言之，视频稀疏表示的关键问题是如何构造适合某一类视频信号的冗余字典并实现快速有效的稀疏分解。

假设视频信号满足稀疏表示的性质，那么用一个与变换矩阵不相关的 $M \times N(M << N)$ 测量矩阵 ϕ 对视频信号进行线性投影，可得到线性测量值 y：

$$y = \phi f$$

如果视频信号 f 是可稀疏表示的，则上式可表示为：

$$y=\phi f=\psi \Phi \alpha = \phi\Theta\alpha$$

其中，Θ 是一个 $M \times N$ 矩阵。那么如果 Θ 满足有限等距性质（Restricted Isometry Property，简称 RIP），则 K 个系数能够由 M 个测量值准确重构。

上述求解是一个 NP—HARD 问题，求解条件的设定在一定程度上限制了视频压缩感知的应用场景和易于识别的视频行为类型。同时，在不同的视频识别应用场景中，视频信息冗余程度的差异和视频识别精度的要求，往往导致视频稀疏表示后的信号仍然存在一定的冗余。本节预先设定对感兴趣的目标区域（例如人脸区域）进行定位，可以理解为局部压缩感知思想，将视频压缩跟踪简化为视频局部压缩跟踪，用最直接的方法进一步减少稀疏表示后 α 的信息冗余。

视频压缩感知的目标是减少视频采样的工作量，以提高视频识别效率。在一个视频中包含大量的信息，下面我们通过一个简单的 MATLAB 代码理解视频采样的工作量：

```
clc;
clear all;
close all;
videoFilePath = fullfile(pwd, 'video', 'wangyanbo.avi');
%指定 video 文件夹下的视频 wangyanbo.avi 作为读取对象
obj = VideoReader(videoFilePath);
%如果不仅想读取视频，还想要显示和保存每一帧，那么可以这样实现：
numFrames = obj.NumberOfFrames;% 帧的总数
for k = 1 : numFrames% 读取数据
    frame = read(obj,k);
    imshow(frame);%显示每一帧
f=getframe(gcf);
    ImagesPath = 'D:\wybimages\';
%指定文件夹，请注意这个文件夹必须存在且最好是空文件夹
%换而言之，我们需要在程序运行之前先创建好这个计划用来保存图像的空文件夹
%当然，我们也可以用 mkdir 函数在 MATLAB 代码里创建这个文件夹，下面介绍此函数。
imwrite(f.cdata,[ImagesPath,strcat(num2str(k),'.jpg')]);
```

```
% 保存每一帧到指定的文件夹下
End
```

我们会发现,这个仅 31 秒的视频,信息量很大,共包含 952 个视频帧(查看 wybimages 即知)。因为要显示每一帧并保存每一帧,读取视频的速度会很慢,在程序运行结束后,我们会发现在指定的 wybimages 文件夹下出现了视频分帧的读取结果,如图 4-7 所示。

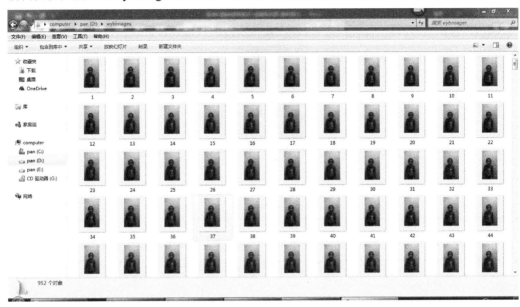

图 4-7　VideoReader 函数分帧读取的效果:wybimages 文件夹包含的图像序列

在 MATLAB 工作空间中图片读取也同步完成了,显示的是最后一帧,如图 4-8 所示。

我们在编写和运行上述代码时,发现用来保存视频帧的文件夹必须存在且最好是空文件夹!在程序运行之前先创建好这个计划用来保存图像的空文件夹会显得很麻烦。其实,我们也可以用 mkdir 函数在 MATLAB 代码里创建这个文件夹:

```
new_folder = 'C:\Users\wwf\Desktop\第 4 章/wybimages';
%定义要创建的文件夹:绝对路径+文件夹名称
mkdir(new_folder);   %用 mkdir 函数创建文件夹
```

值得注意的是，new_folder = 'C:\Users\wwf\Desktop\第 4 章/wybimages'中的地址是反斜杠 '\'，文件夹前却是斜杠 '/'。如果没有写对，就会报错。运行结果如图 4-9 所示。

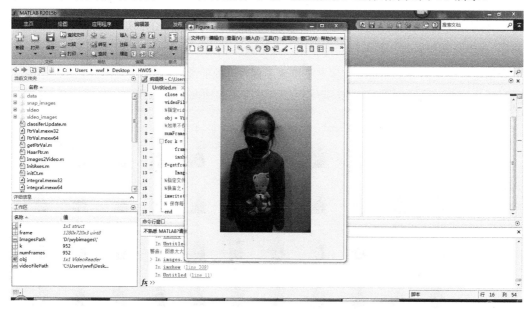

图 4-8　VideoReader 函数分帧读取结束，显示的是最后一帧图像

图 4-9　用 mkdir 函数创建文件夹

当然，还可以用 mkdir 函数创建子文件夹：

```
top_folder = 'C:\Users\wwf\Desktop\第 4 章/wyb'; % 第 1 层文件夹的名称
mkdir(top_folder); % 创建第 1 层文件夹
```

```
second_folder = sprintf('%s/%s', top_folder, 'images'); % 第 2 层文件夹的名称
mkdir(second_folder); % 创建第 2 层文件夹
third_folder = sprintf('%s/%s', second_folder, '20180105'); % 构造第 3 层文件夹名称
mkdir(third_folder); % 创建第 3 层文件夹
%%想创建第 4、5 层文件夹？没问题，以此类推即可
```

运行结果如图 4-10 所示。

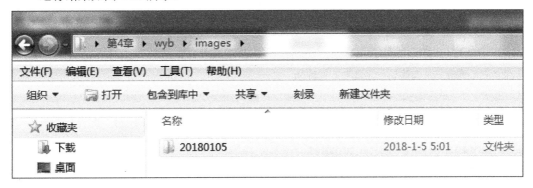

图 4-10 用 mkdir 函数创建文件夹及子文件夹

最后，还可以与 exist 函数结合，先判断文件夹及子文件夹是否存在，如果子文件夹不存在，就用 mkdir 函数创建文件夹及子文件夹，这时可以将上述代码修改为：

```
clc;
%%先判定第 1 层文件夹存在与否，不存在则创建
if ~exist('C:\Users\wwf\Desktop\第 4 章/wyb');
top_folder =  'C:\Users\wwf\Desktop\第 4 章/wyb'; % 第 1 层文件夹的名称
mkdir(top_folder); % 创建第 1 层文件夹
end

%%再判定第 2 层文件夹存在与否，不存在则创建
if ~exist('C:\Users\wwf\Desktop\第 4 章\wyb/images');
second_folder = sprintf('%s/%s',top_folder,'images'); %%构造第 2 层文件夹的名称
mkdir(second_folder); % 创建第 2 层文件夹
end
```

```
%%最后判定第 3 层文件夹存在与否,不存在则创建
if ~exist('C:\Users\wwf\Desktop\第 4 章\wyb\images/20180106');
    third_folder = sprintf('%s/%s', second_folder, '20180106'); % 构造第 3 层文
件夹的名称(每次都是在最后一层构造的文件夹名称前用斜杠,其他都是反斜杠)
    mkdir(third_folder); % 创建第 3 层文件夹
end
```

运行后,第 2 层文件夹 images 下新增了一个子文件夹 20180106,如图 4-11 所示。

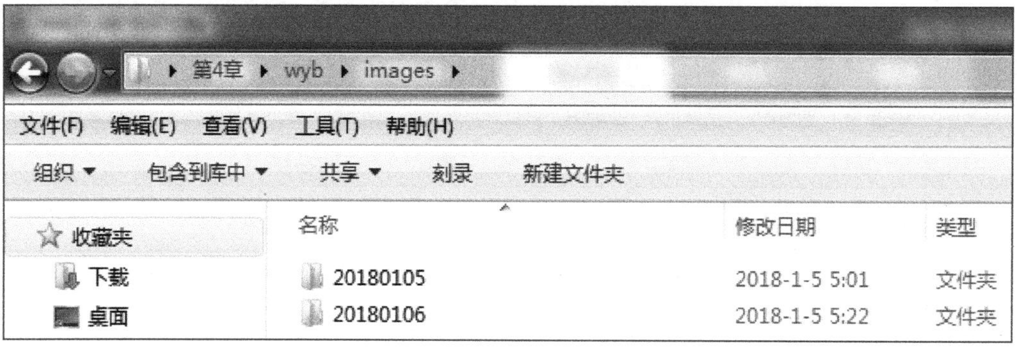

图 4-11　用 mkdir 函数创建文件夹及子文件夹(与 exist 函数结合)

如前所述,包含人脸的图像数据通常来源于包含人脸的视频(通过视频转换得到图像序列)或直接采集的人脸图像数据。事实上,在视频采集与处理的过程中还可以抓取图像,这个图像的抓取一般是当前时刻的整个运行结果图,自定义函数的 MATLAB 核心代码如下:

```
function SnapImage()
%此函数定义了抓图操作

%如下两行代码作为画图部分,是为了演示截图效果,读者在设计 GUI 调用此函数时可删除它
subplot(1,2,1),imshow('hjj.jpg');
subplot(1,2,2),imshow('sys.jpg');
video_imagesPath = fullfile(pwd, 'snap_images');
%这一行很关键,指定了所抓取的图片保存的文件夹
%下面创建图片保存的文件夹,我们刚刚学过
if ~exist(video_imagesPath, 'dir')
```

```
        mkdir(video_imagesPath);
    end

    %保存截图的实现
    [FileName,PathName,FilterIndex] =
uiputfile({'*.jpg;*.tif;*.png;*.gif','All Image Files';...
        '*.*','All Files' },'保存截图',...
        fullfile(pwd, 'snap_images\\temp.jpg'));
    if isequal(FileName, 0) || isequal(PathName, 0)
        return;
    end
    %提示信息设置
    fileStr = fullfile(PathName, FileName);
    f = getframe(gcf);
    f = frame2im(f);
    imwrite(f, fileStr);
    msgbox('抓图文件保存成功！', '提示信息');
```

这个函数是可以直接运行的，运行时会提示保存截图结果，如图 4-12 所示。

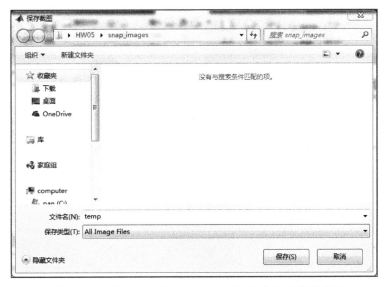

图 4-12　自定义函数 SnapImage 运行时保存截图的提示

可以看出，截图结果保存时的默认文件名是 tmp，当然，我们可以将其修改成自己喜欢的名称，例如，笔者将文件名修改为"CV-MATH 精英成员"，如图 4-13 所示。

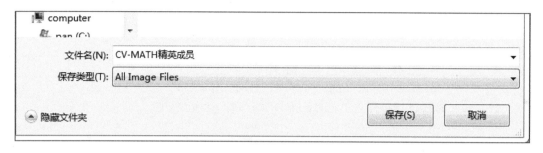

图 4-13　自定义函数 SnapImage 运行时修改截图的文件名

单击"保存"按钮，会出现保存成功的提示，如图 4-14 所示。

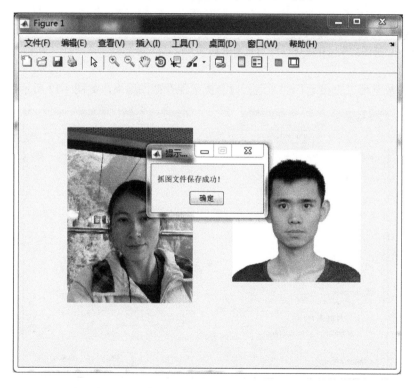

图 4-14　自定义函数 SnapImage 运行时保存截图的成功提示

第 4 章 视频图像转换及人脸跟踪

这时打开文件夹 Snap_Images，会看到截图保存到了此文件夹中，如图 4-15 所示。

图 4-15　自定义函数 SnapImage 的运行效果（截图被保存到了指定的文件夹中）

在进一步完成视频图像采集的准备工作后，我们开始介绍视频压缩感知的核心函数，因为视频的实质是图像序列，所以我们先定义一个与目标区域关联的双规则图像采样函数：

```
function samples = sampling(img,initregion,inrad,outrad,maxnum, type)
%输入参数:
%img: 输入图像
%initregion: 目标区域初始化[x y width height]
%inrad: 区域的外径
%outrad: 区域的内径
%maxnum: 最大的样本数
%type: 条件类型
%输出参数:1 表示 sampleImg，其他表示 sampleImgDet
%samples.sx: x 的坐标向量[x1 x2 ...xn]
%samples.sy: y 的坐标向量[y1 y2 ...yn]
%samples.sw: width 向量
%samples.sh: height 向量
%完整的代码（两个规则分别定义了一个函数）可免费下载。
```

其中，对视频帧（图像）采样的核心代码如下：

```
[r,c] = meshgrid(minrow:maxrow,mincol:maxcol);
dist = (y-r).^2+(x-c).^2;
```

```
rd = rand(size(r));
```

双规则设定的核心代码如下：

```
%计算概率
prob = maxnum/((maxrow-minrow+1)*(maxcol-mincol+1));
if type == 1
ind = (rd<prob)&(dist<inradsq)&(dist>=outradsq);
else
ind = dist<inradsq;
end
```

最后，我们可以建立视频压缩感知的分类器：

```
function r = Classifierforcs(posx,negx,feature)
%输入参数；
%posx: 正样本训练集
%negx: 负样本训练集
%samples: 测试样本
%输出参数；
%r: 基于图像特征计算的分类器
```

视频压缩感知的分类器包括特征参数提取、参数序列化、特征重建的参数设定、特征重建及生成分类器等 5 个模块，其中特征重建及生成分类器的核心代码如下：

```
%特征的重建
x = feature;
p0 = exp((x-mu0).^2.*e0).*n0;
p1 = exp((x-mu1).^2.*e1).*n1;

%生成分类器
r = (log(eps+p1)-log(eps+p0));
```

4.2.2 视频压缩跟踪

视频压缩感知（Compressive Sensing，CS）利用数据的冗余特性，只采集少量的样本还原原始数据，有时也称之为压缩采样（Compressive Sampling）。相对于传统的奈奎斯特采样定理，视频压缩感知要求采样频率必须是信号的最高频率的两倍或两倍以上，这就要求视频信号是带限信号，通常在采样前使用低通滤波器使信号带限。智能监控全天候采集视频，这些视频包含大量的信息，而我们只对其中的部分信息感兴趣，因此，借助视频压缩感知并减少视频信息冗余，对提高视频人脸识别算法的效率有一定的积极意义。

我们在第 3 章理解了视频压缩感知的思想，现在可以在此基础上给出视频压缩跟踪的 MATLAB 核心代码了！具体包括分类器参数设置、特征模板及样本模板计算、特征压缩跟踪等三大主要模块，其中，特征模板及样本模板计算的核心代码如下：

```
%计算特征模板
[ftr.px,ftr.py,ftr.pw,ftr.ph,ftr.pwt] = HaarFtr(clfparams,ftrparams,M);
%计算样本模板
posx.sample = sampling(img,initregion,trparams.init_postrainrad,1);
negx.sample = samplimg(img,initstate,1.5*trparams.srchwinsz,4
+trparams.init_postrainrad,trparams.init_negnumtrain);
```

特征压缩的核心代码如下：

```
iH = integral(img);%Compute integral image
posx.feature = getFtrVal(iH,posx.sampleImage,ftr);
negx.feature = getFtrVal(iH,negx.sampleImage,ftr);
[posx.mu,posx.sig,negx.mu,negx.sig] =
classiferUpdate(posx,negx,posx.mu,posx.sig,negx.mu,negx.sig,lRate);
```

压缩跟踪的核心代码如下：

```
%定义显示跟踪效果的变量 imgSr
for i = 2:num
```

```
    img = imread(img_dir(i).name);
    imgSr = img;
%积分图像的计算
    if length(size(img))==3
    img = rgb2gray(img);
    end
    img = double(img);
    iH = integral(img);

%目标区域初始化
    step = 4; % coarse search step
    detectx.sampleImage =
sampleImgDet(img,initstate,trparams.srchwinsz,step);
    detectx.feature = getFtrVal(iH,detectx.sampleImage,ftr);
    r = ratioClassifier(posx,negx,detectx.feature);% compute the classifier
for all samples
    clf = sum(r);% linearly combine the ratio classifiers in r to the final
classifier
    [~,index] = max(clf);
    x = detectx.sam pleImage.sx(index);
    y = detectx.sampleImage.sy(index);
    w = detectx.sampleImage.sw(index);
    h = detectx.sampleImage.sh(index);
    initstate = [x y w h];

%区域检测的实现
    step = 1;
    detectx.sampleImage = sampleImgDet(img,initstate,10,step);
    detectx.feature = getFtrVal(iH,detectx.sampleImage,ftr);
    r = ratioClassifier(posx,negx,detectx.feature);% compute the classifier
for all samples
    clf = sum(r);% linearly combine the ratio classifiers in r to the final
classifier
    [c,index] = max(clf);
```

```
    x = detectx.sampleImage.sx(index);
    y = detectx.sampleImage.sy(index);
    w = detectx.sampleImage.sw(index);
    h = detectx.sampleImage.sh(index);
    initstate = [x y w h];

%跟踪结果显示
    imshow(uint8(imgSr));
    rectangle('Position',initstate,'LineWidth',4,'EdgeColor','r');
    hold on;
    text(5, 18, strcat('#',num2str(i)), 'Color','y', 'FontWeight','bold','FontSize',20);
    set(gca,'position',[0 0 1 1]);
    pause(0.00001);
    hold off;
```

4.3 第 3 阶段：实战

本节包括混合编程接口、C++文件编译和人脸跟踪实战等三个部分，分享了笔者在实战阶段对人脸跟踪算法的设计思想、实现过程及混编技巧等实战方面的一些感触和认识。本阶段的目标是用可更直观地显示人脸跟踪操作的用户界面，将视频压缩跟踪算法集成到人脸跟踪用户接口，生成读者可轻易编辑的 GUI，并初步理解 MATLAB 混合编程思想和混编原理。

4.3.1 混编环境配置

通过这 4 章的学习，相信我们会认识到 MATLAB 功能的强大！事实上，在读完本书后进一步摸索，会发现 MATLAB 还拥有更丰富的功能，其编程技巧却比其他计算机编程语言更易于掌握。但是人脸识别涉及视频数据处理，尤其是到了人脸跟踪这个环节，有时会需要显示和保存视频的每一帧，在这种情况下，MATLAB 的不足之处就凸显了。我们在 4.2 节演示过一个简单的 MATLAB 显示和保存视频每一帧的实例，虽然视频只有 31 秒，但程序运行消耗的时间却远大于 31 秒。与 MATLAB 相比，C++编译执行的程序运行起来更快，当然，C++的编程难度要比 MATLAB 大一些。人脸跟踪有时不仅需要显示和保存视频的每一帧，而且需要对每一帧图像进行人脸挖掘和重构（例如遇到遮挡问题的时候），因此，不妨先用 C++来实现 MATLAB 程序中比较耗时的部分（视频压缩跟踪），然后借助 MATLAB 的混编编程接口，从 MATLAB 程序中直接调用 C++程序，从而解决人脸跟踪问题。这样的解决方案，既不增加编程难度，又能实现加速，可谓鱼和熊掌兼得！

在 Windows 系统下写 C++程序，一般要用到 VS（Microsoft Visual Studio）配置环境。VS 是美国微软公司的开发工具包系列产品，是一个基本完整的开发工具集，包括了 UML 工具、代码管控工具、集成开发环境（IDE）等整个软件生命周期中所需要的大部分工具。VS 产品的发展可以追溯到 1997 年，当时微软发布的 Visual Studio 97 主要包含面向 Windows 用户开发使用的 Visual Basic 5.0、Visual C++ 5.0，面向 Java 用户开发的 Visual J++，面向数据库开发使用的 Visual FoxPro；还包含创建 DHTML（Dynamic HTML）所需的 Visual InterDev 等可视化应用系统。其中，Visual Basic 和 Visual FoxPro 使用单独的开发环境，其他开发语言使用统一的开发环境。随着与工程实践项目的对接与融合，VS 版本也在不断更新，越来越符合工程实践的需要。迄今为止，用 VS 编写的目标代码已经广泛适用于 Microsoft Windows、Windows Mobile、Windows CE、.NET Framework、.NET Compact Framework、Microsoft Silverlight 及 Windows Phone 等微软支持的所有平台。

Visual Studio 也是目前最流行的 Windows 平台的应用程序的集成开发环境，最新的版本为 Visual Studio 2017，基于.NET Framework 4.5.2。与 MATLAB 的安装过程相比，VS 的安装过程也比较复杂，如果使用的是 VS 2017 正式版，并实现指定模块的线下安装，则可能会方便很多，前提是计算机的网速够快！免费版的安装更费时费力，其中 VS 2015 更好用。这里以 VS 2013 为例，简要介绍 Visual Studio 的安装过程，在理解和掌握了这个安装过程后，就不会觉得 VS 2017 正式版、VS 2015 免费版的安装复杂了！有人说，成功就是将复杂的事情简单地做，将简单的事情重复地做，将重复的事情认真地做，我们借助混合编程来实现视频

第 4 章 视频图像转换及人脸跟踪

压缩跟踪就是将复杂的事情简单地做，我们只需重复、认真去做，就会越来越熟练！

Visual Studio 2013 是微软在 Builder 2013 开发者大会上发布的，首次发布的形式为预览版，同时发布的还包括其程序组件库.NET 4.5.1 的预览版。这是 VS 产品之路的重要转折点！VS 2013 较之前所有的版本而言，不仅在使用上更加方便、简洁，而且添加了很多新的功能，例如，可以支持 Windows 8.1 App 的开发。目前大多数计算机使用的 Windows 系统是 Win7，因此这里简略介绍如何在 Win7 下安装注册 VS 2013。首先，下载 VS 2013 简体中文官方旗舰版（带详细安装教程的网盘资源不少），并用解压缩工具解压打开；然后，双击 vs_ultimate.exe 开始安装，在安装过程中，旧版本的 VS 一定要先关闭，同时由于 VS 的安装过程会占用很多的系统资源，所以最好不要开启其他软件，根据自己的需要勾选或默认全选可选功能，30 分钟即可完成安装；最后，打开安装好的 VS 2013，根据自己的喜好完成开发设置、颜色主题等基本配置，并在工具栏中找到帮助选项卡，单击"注册产品"，在弹出的对话框里单击"更改我的产品许可证"，会继续弹出一个对话框，输入产品密钥即可。

VS 2013 引入了一种联网 IDE 体验，能借助联网设备，自动同步设置快捷键、Visual Studio 主题、字体等。现在，我们以 VS 2013 与 MATLAB 2015b 混合编程的环境配置为例，简要说明如何设置 MATLAB 混合编程接口。

- 首先,打开项目属性,在包含的目录中添加 C:\ProgramFiles\MATLAB\R2015b\extern\include、C:\ProgramFiles\MATLAB\R2015b\extern\include\win64。
- 然后，在库目录中添加 C:\ProgramFiles\MATLAB\R2015b\extern\lib\win64\microsoft。
- 其次，在连接器→输入中添加三个库：libmat.lib、libeng.lib 和 libmx.lib。
- 接着，在 path 路径中添加 C:\ProgramFiles\MATLAB\R2015b\bin\win64。
- 最后，设置编译平台，例如将 64 位系统的编译平台设置为 x64。

4.3.2　C++文件编译

如前所述，在 Windows 系统下写 C++程序，一般要用到 VS 配置环境。我们在前面已经介绍了 VS 2013 的安装及其与 MATLAB 混编的环境配置,现在可以开始考虑 C++代码封装了,篇幅有限,而本书侧重于讲解 MATLAB,因此,这里仍然仅进行简要介绍。首先,打开 VS 2013 并且单击左上角的文件→新建→项目,根据窗口提示,填好名称、位置、解决方案的名称等三项(尽量用英文),单击"确定"按钮;然后,根据新的窗口提示,用鼠标右键单击窗口右侧的源文件,添加新建项,依次选择 Visual C++、C++文件(本节主要指扩展名为.cpp 的文件,下面简称 cpp 文件),填好名称和位置(命名仍然用英文),依次单击"确定""下一步"按钮;其次,在新窗口左侧输入代码,单击"下一步"按钮,也可通过按键 Ctrl+F5,直接进入下一步;最后,查看 C++文件保存的文件夹,找到以.EXE 为后缀的文件,封装成功!双击即可运行。

在用 C++在进行图像处理方面的算法开发时,还可将 OpenCV 的相关库导入,从而提高开发效率。OpenCV 是一个基于 BSD 许可(开源)发行的跨平台计算机视觉库,可以运行在 Linux、Windows、Android 和 Mac OS 操作系统上,主要由一系列 C 语言函数和少量的 C++ 类构成。用 MATLAB 编译 cpp 文件的大致过程如下。

(1)将 OpenCV 的路径添加到环境变量 path 中,然后重启电脑。其中,OpenCV 的路径取决于安装操作情况,一般是 C:\ProgramFiles\OpenCV\build\x64\vc12\bin(注意:这里仍然以 VS 2013 为例,因此对应的是 vc12;可以根据自己的计算机安装的 VS 版本进行具体设置,例如,如果是 VS 2015,则需要将路径\vc12\bin 修改为\vc14\bin);

(2)打开 MATLAB,更改 cppMake.m,此文件的核心代码及更改部分的注释如下:

```
function cppMake(cppList)
%这是一个 MATLAB 自定义函数,主要功能是编译 OpenCV 环境下的 C++文件。
%为了确保 cppMake 函数可以顺利使用,必要时请先用 mex 函数设置 C++编译器。
%mex 函数的用法在下面将进行简要介绍。
%输出设置:
out_dir='./';
CPPFLAGS = ' -O -DNDEBUG -I.\ -I 这里写您的"include"路径';
LDFLAGS = ' -L 在这里写您的"lib"路径';
LIBS = ' -lopencv_core2413 -lopencv_highgui2413 -lopencv_video2413
-lopencv_imgproc2413 -lopencv_calib3d2413 -lopencv_contrib2413
```

```
-lopencv_features2d2413 -lopencv_flann2413 -lopencv_gpu2413
-lopencv_videostab2413 -lopencv_legacy2413 -lopencv_ml2413
-lopencv_nonfree2413
-lopencv_objdetect2413 -lopencv_ocl2413 -lopencv_photo2413
-lopencv_stitching2413 -lopencv_superres2413 -lopencv_ts2413';
    if is_64bit
        CPPFLAGS = [CPPFLAGS ' -largeArrayDims'];
    end
    
    %%开始添加C++文件!
    compile_files = {
        %请在这里列出您要编译的C++文件
        cppList
    };
    %%开始编译了!
    for k = 1 : length(compile_files)
        str = compile_files{k};
        fprintf('compilation of: %s\n', str);
        str = [str ' -outdir ' out_dir CPPFLAGS LDFLAGS LIBS];
        args = regexp(str, '\s+', 'split');
        mex(args{:});
    end
    %编译完成后,给用户一个编译成功的提示!
    fprintf('恭喜您,编译成功!\n');
```

（3）将 OpenCV 库里的 C++文件 **RGBtoGRAY.cpp** 复制到 **cppMake.m** 所在的文件夹下，其中，**RGBtoGRAY.cpp** 的核心代码（在此处列出是为了保持读者思维的连续性）如下：

```
%请注意,此代码必须在安装OpenCV之后运行,并在第14、15行填入相应的路径后才能运行成功!
#include "mex.h"
#include "opencv2/opencv.hpp"

using namespace cv;
```

```c
/***********************************************************
Usage: [imageMatrix] = RGB2Gray('imageFile.jpeg');
Input:
    a image file
OutPut:
    a matrix of image which can be read by Matlab

***********************************************************/

void exit_with_help()
{
    mexPrintf(
    "Usage: [imageMatrix] = DenseTrack('imageFile.jpg');\n"
    );
}

static void fake_answer(mxArray *plhs[])
{
    plhs[0] = mxCreateDoubleMatrix(0, 0, mxREAL);
}

void RGB2Gray(char *filename, mxArray *plhs[])
{
    // read the image
    Mat image = imread(filename);
    if(image.empty()) {
        mexPrintf("can't open input file %s\n", filename);
        fake_answer(plhs);
        return;
    }

    // convert it to gray format
    Mat gray;
    if (image.channels() == 3)
```

```cpp
        cvtColor(image, gray, CV_RGB2GRAY);
    else
        image.copyTo(gray);
    // convert the result to Matlab-supported format for returning
    int rows = gray.rows;
    int cols = gray.cols;
    plhs[0] = mxCreateDoubleMatrix(rows, cols, mxREAL);
    double *imgMat;
    imgMat = mxGetPr(plhs[0]);
    for (int i = 0; i < rows; i++)
        for (int j = 0; j < cols; j++)
            *(imgMat + i + j * rows) = (double)gray.at<uchar>(i, j);

    return;
}

void mexFunction(int nlhs, mxArray *plhs[], int nrhs, const mxArray *prhs[])
{
    if(nrhs == 1)
    {
        char filename[256];
        mxGetString(prhs[0], filename, mxGetN(prhs[0]) + 1);
        if(filename == NULL)
        {
            mexPrintf("Error: filename is NULL\n");
            exit_with_help();
            return;
        }

        RGB2Gray(filename, plhs);
    }
    else
    {
        exit_with_help();
```

```
        fake_answer(plhs);
        return;
    }
}
```

（4）输入 cppMake('RGBtoGRAY.cpp')，即可在文件夹下生成 RGBtoGRAY.mexw64。接着就可在 MATLAB 下把 RGBtoGRAY 作为函数调用了（在下面还将看到与视频压缩跟踪相关的 4 个 mexw 文件，调用方法也与此类似）。这里给出一个简单的 MATLAB 示例：

```
%请注意，此代码必须在上述代码运行成功的前提下运行！
clc;
clear all;
close all;
cppMake('RGBtoGRAY.cpp');
%
figure,
title(['DLG 后备专家']);
subplot(121),
img1=RGBtoGRAY('hjj.jpg');
imshow(unit8(img1));
%将彩色图片 hjj.jpg 转换为灰度图像
subplot(122),
img2=RGBtoGRAY('sys.jpg');
imshow(unit8(img2));
%将彩色图片 sys.jpg 转换为灰度图像
```

（5）最后，如果想在 MATLAB 下任意编写 cpp 文件，则请尝试自行了解 mex 函数的用法（篇幅有限，此处不再赘述），实现 C++文件的随心调用：

```
mex filenames %调用格式 1
mex option1 ... optionN filenames %调用格式 2
mex -setup %调用格式 3
```

例如，在本章提供的免费代码里，mexComplile.m 文件的核心代码如下：

```
mex integral.cpp;
mex FtrVal.cpp;
```

可以免费下载我们提供的完整代码（版权属于原作者，不能用于商业用途），其中包含了用 MATLAB 编译 cpp 文件得到的 4 个相关文件：FtrVal.mexw32、FtrVal.mexw64、integral.mexw32、integral.mexw64，如图 4-16 所示。

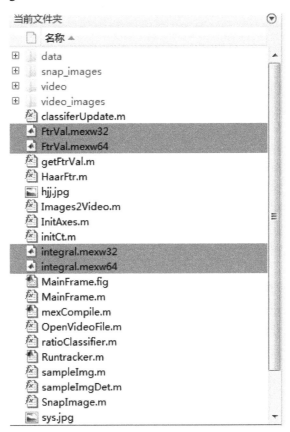

图 4-16　MATLAB 的当前目录（包括编译 cpp 文件得到的 4 个相关文件）

4.3.3 人脸跟踪实战

基于前几节的讲解,现在,我们可以设计视频人脸压缩跟踪的分类器了,核心代码如下:

```
sig1= sqrt(lRate*sig1.^2+ (1-lRate)*sigm1+lRate*(1-lRate)*(mu1-pmu).^2);
mu1 = lRate*mu1 + (1-lRate)*pmu;
sig0= sqrt(lRate*sig0.^2+ (1-lRate)*sigm0+lRate*(1-lRate)*(mu0-nmu).^2);
mu0 = lRate*mu0 + (1-lRate)*nmu;
```

最后,可以设计人脸跟踪 GUI。我们先看看基于图像序列的处理(即假设视频已经转化为图像序列),主程序代码的精华部分如下:

```
function varargout = MainFrame(varargin)
%%初始化过程
gui_Singleton = 1;
gui_State = struct('gui_Name',       mfilename, ...
    'gui_Singleton',  gui_Singleton, ...
    'gui_OpeningFcn', @MainFrame_OpeningFcn, ...
    'gui_OutputFcn',  @MainFrame_OutputFcn, ...
    'gui_LayoutFcn',  [] , ...
    'gui_Callback',   []);
if nargin && ischar(varargin{1})
    gui_State.gui_Callback = str2func(varargin{1});
end

if nargout
    [varargout{1:nargout}] = gui_mainfcn(gui_State, varargin{:});
else
    gui_mainfcn(gui_State, varargin{:});
end
%%初始化过程至此结束!

%%选择文件的提示
```

```
function MainFrame_OpeningFcn(hObject, eventdata, handles, varargin)
handles.output = hObject;
clc;
InitAxes(handles)
handles.videoFilePath = 0;
handles.initstate = 0;
handles.videoStop = 1;
handles.moves = [];
guidata(hObject, handles);
```

%%等待用户响应

```
function varargout = MainFrame_OutputFcn(hObject, eventdata, handles)
varargout{1} = handles.output;
```

%%设置播放按钮
```
function pushbuttonPlay_Callback(hObject, eventdata, handles)
if isequal(handles.initstate, 0)
    return;
end
rand('state', 0);
dirName = handles.videoFilePath;
fpath = fullfile(dirName, '*.jpg');
img_dir = ls(fpath);
num = length(img_dir);
set(handles.pushbuttonPause, 'Enable', 'On');
set(handles.pushbuttonPause, 'tag', 'pushbuttonPause', 'String', '暂停');
set(handles.sliderVideoPlay, 'Max', num, 'Min', 0, 'Value', 1);
set(handles.editSlider, 'String', sprintf('%d/%d', 0, num));
```
%%循环载入视频帧图像并显示
```
for i = 1 : num
    waitfor(handles.pushbuttonPause,'tag','pushbuttonPause');
    I = imread(fullfile(dirName, strtrim(img_dir(i, :))));
    I = imrotate(I, -90);
```

```
        try
            imshow(I, [], 'Parent', handles.axesVideo);
            %%设置进度条
            set(handles.sliderVideoPlay, 'Value', i);
            set(handles.editSlider, 'String', sprintf('%d/%d', i, num));
        catch
            return;
        end
        drawnow;
end
%%控制暂停按钮
set(handles.pushbuttonPause, 'Enable', 'Off');

%%设置打开视频
function pushbuttonOpenVideoFile_Callback(hObject, eventdata, handles)
dirName = OpenVideoFile();
if isequal(dirName, 0)
    return;
end
set(handles.editVideoFilePath, 'String', dirName);
fpath = fullfile(dirName, '*.jpg');
img_dir = ls(fpath);
img = imread(fullfile(dirName, strtrim(img_dir(1, :))));
img = imrotate(img, -90);
axes(handles.axesVideo);
imshow(img, []);
NumberOfFrames = size(img_dir, 1);
img = imread(fullfile(dirName, strtrim(img_dir(1, :))));
img = imrotate(img, -90);
Width = size(img, 2);
Height = size(img, 1);
%%设置打开成功的提示信息
set(handles.editFrameNum, 'String', sprintf('%d', NumberOfFrames));
```

```
set(handles.editFrameWidth, 'String', sprintf('%d px', Width));
set(handles.editFrameHeight, 'String', sprintf('%d px', Height));
msgbox('成功!','提示信息');
handles.videoFilePath = dirName;
handles.img = img;
guidata(hObject, handles);
%%设置视频转换按钮
function pushbuttonImageList_Callback(hObject, eventdata, handles)
if isequal(handles.initstate, 0)
    return;
end
handles.moves = [];
rand('state', 0);
ImgFlag =1;
initstate = handles.initstate;
dirName = handles.videoFilePath;
fpath = fullfile(dirName, '*.jpg');
img_dir = ls(fpath);
num = length(img_dir);
%%目标区域设定
x = initstate(1);
y = initstate(2);
%宽度
w = initstate(3);
%高度
h = initstate(4);
img = imread(fullfile(dirName, strtrim(img_dir(1, :))));
img = imrotate(img, -90);
if length(size(img))==3
    img = rgb2gray(img);
end
img = double(img);
%负样本的数量
```

```
trparams.init_negnumtrain = 50;
%正样本的范围
trparams.init_postrainrad = 4;
%开始目标定位
trparams.initstate = initstate;
%搜索窗口的大小
trparams.srchwinsz = 25;
%分类参数
clfparams.width = trparams.initstate(3);
clfparams.height= trparams.initstate(4);
%矩形设置
ftrparams.minNumRect = 2;
ftrparams.maxNumRect = 4;
%弱分类器
M = 100;
%正样本计算
posx.mu = zeros(M,1);
negx.mu = zeros(M,1);
posx.sig= ones(M,1);
%负样本判定
negx.sig= ones(M,1);
%学习速率设定
lRate = 0.85;
%特征模板计算
[ftr.px,ftr.py,ftr.pw,ftr.ph,ftr.pwt] = HaarFtr(clfparams,ftrparams,M);
%样本模板生成
posx.sampleImage = sampleImgDet(img,initstate,trparams.init_postrainrad,1);
negx.sampleImage = sampleImg(img,initstate,1.5*trparams.srchwinsz,4+trparams.init_postrainrad,trparams.init_negnumtrain);
%特征提取过程
iH = integral(img);
```

```
posx.feature = getFtrVal(iH,posx.sampleImage,ftr);
negx.feature = getFtrVal(iH,negx.sampleImage,ftr);
%分布参数更新
[posx.mu,posx.sig,negx.mu,negx.sig] =
classiferUpdate(posx,negx,posx.mu,posx.sig,negx.mu,negx.sig,lRate);
%设置播放及暂停按钮位置
set(handles.pushbuttonPause, 'Enable', 'On');
set(handles.pushbuttonPause, 'tag', 'pushbuttonPause', 'String', '暂停');
set(handles.sliderVideoPlay, 'Max', num, 'Min', 0, 'Value', 1);
set(handles.editSlider, 'String', sprintf('%d/%d', 0, num));
handles.moves = [handles.moves; initstate(1)+initstate(3)/2
initstate(2)+initstate(4)/2];
%%循环载入视频帧图像并显示
for i = 2 : num
    waitfor(handles.pushbuttonPause,'tag','pushbuttonPause');
    img = imread(fullfile(dirName, strtrim(img_dir(i, :))));
    img = imrotate(img, -90);
        imgSr = img;
    if length(size(img))==3
        img = rgb2gray(img);
    end
    %%分类过程
    img = double(img);
        iH = integral(img);
    %搜索参数设置
    step = 4;
    detectx.sampleImage =
sampleImgDet(img,initstate,trparams.srchwinsz,step);
    detectx.feature = getFtrVal(iH,detectx.sampleImage,ftr);
    %定义正负样本比例
    r = ratioClassifier(posx,negx,detectx.feature);
    %分类参数设置
    tmp = sum(r);
```

```matlab
        [~,index] = max(tmp);
        x = detectx.sampleImage.sx(index);
        y = detectx.sampleImage.sy(index);
        w = detectx.sampleImage.sw(index);
        h = detectx.sampleImage.sh(index);
        initstate = [x y w h];
        %%%得到分类结果
        step = 1;
        detectx.sampleImage = sampleImgDet(img,initstate,10,step);
        detectx.feature = getFtrVal(iH,detectx.sampleImage,ftr);
        r = ratioClassifier(posx,negx,detectx.feature);
        tmp = sum(r);
        [c,index] = max(tmp);
        x = detectx.sampleImage.sx(index);
        y = detectx.sampleImage.sy(index);
        w = detectx.sampleImage.sw(index);
        h = detectx.sampleImage.sh(index);
        initstate = [x y w h];
        %%%跟踪结果演示
        axes(handles.axesVideo);
        imshow(imgSr, [], 'Parent', handles.axesVideo);
        hold on;
        rectangle('Position',initstate,'LineWidth',4,'EdgeColor','r');
        hold on;
        text(5, 18, strcat('#',num2str(i)), 'Color','y', 'FontWeight','bold','FontSize',20);
        pause(0.00001);
        hold off;
        
        %样本提取
        posx.sampleImage = sampleImgDet(img,initstate,trparams.init_postrainrad,1);
        negx.sampleImage =
```

```
sampleImg(img,initstate,1.5*trparams.srchwinsz,4+trparams.init_postrainrad,t
rparams.init_negnumtrain);

    %特征更新
    posx.feature = getFtrVal(iH,posx.sampleImage,ftr);
    negx.feature = getFtrVal(iH,negx.sampleImage,ftr);
    [posx.mu,posx.sig,negx.mu,negx.sig] =
classiferUpdate(posx,negx,posx.mu,posx.sig,negx.mu,negx.sig,lRate);% update
distribution parameters

    %设置进度条
    set(handles.sliderVideoPlay, 'Value', i);
    set(handles.editSlider, 'String', sprintf('%d/%d', i, num));
    handles.moves = [handles.moves; initstate(1)+initstate(3)/2
initstate(2)+initstate(4)/2];
    drawnow;

end
%控制暂停按钮
set(handles.pushbuttonPause, 'Enable', 'Off');
guidata(hObject, handles);
msgbox('成功!', '提示信息');


%停止按钮设置
function pushbuttonStopCheck_Callback(hObject, eventdata, handles)

%暂停按钮的响应标记
function pushbuttonPause_Callback(hObject, eventdata, handles)
str = get(handles.pushbuttonPause, 'tag');
if strcmp(str, 'pushbuttonPause') == 1
    set(handles.pushbuttonPause, 'tag', 'pushbuttonContinue', 'String', '
继续');
    pause on;
```

```
    else
        set(handles.pushbuttonPause, 'tag', 'pushbuttonPause', 'String', '暂停');
        pause off;
    end

    %停止按钮设置
    function pushbuttonStop_Callback(hObject, eventdata, handles)
    InitAxes(handles)
    set(handles.editSlider, 'String', '0/0');
    set(handles.sliderVideoPlay, 'Value', 0);
    set(handles.pushbuttonPause, 'tag', 'pushbuttonContinue', 'String', '继续');
    set(handles.pushbuttonPause, 'Enable', 'Off');
    set(handles.pushbuttonPause, 'String', '暂停');
    %终止的设置
    function editFrameNum_Callback(hObject, eventdata, handles)

    %背景设置
    function editFrameNum_CreateFcn(hObject, eventdata, handles)
    if ispc && isequal(get(hObject,'BackgroundColor'), get(0,'defaultUicontrolBackgroundColor'))
        set(hObject,'BackgroundColor','white');
    end

    %GUI 框架的宽度
    function editFrameWidth_Callback(hObject, eventdata, handles)
    function editFrameWidth_CreateFcn(hObject, eventdata, handles)
    if ispc && isequal(get(hObject,'BackgroundColor'), get(0,'defaultUicontrolBackgroundColor'))
        set(hObject,'BackgroundColor','white');
    end

    %GUI 框架的高度
```

```
function editFrameHeight_Callback(hObject, eventdata, handles)
function editFrameHeight_CreateFcn(hObject, eventdata, handles)
if ispc && isequal(get(hObject,'BackgroundColor'), get(0,'defaultUicontrolBackgroundColor'))
    set(hObject,'BackgroundColor','white');
end

%GUI 框架的编辑
function editFrameRate_Callback(hObject, eventdata, handles)

%GUI 框架的编辑
function editFrameRate_CreateFcn(hObject, eventdata, handles)
if ispc && isequal(get(hObject,'BackgroundColor'), get(0,'defaultUicontrolBackgroundColor'))
    set(hObject,'BackgroundColor','white');
end

%视频路径操作
function editVideoFilePath_Callback(hObject, eventdata, handles)
function editVideoFilePath_CreateFcn(hObject, eventdata, handles)
if ispc && isequal(get(hObject,'BackgroundColor'), get(0,'defaultUicontrolBackgroundColor'))
    set(hObject,'BackgroundColor','white');
end

%获取视频信息
function pushbuttonGetVideoInfo_Callback(hObject, eventdata, handles)
if handles.videoFilePath == 0
    msgbox('请载入视频文件！', '提示信息');
    return;
end
InitAxes(handles);
axes(handles.axesVideo);
imshow(handles.img, []);
```

```
    hold on;
    initstate = [0.3750*size(handles.img, 2) 0.2292*size(handles.img, 1) 0.2344*size(handles.img, 2) 0.3958*size(handles.img, 1)];
    h = imrect(handles.axesVideo, initstate);
    rect = wait(h);
    rect = round(rect);
    rectangle('Position', rect, 'LineWidth', 4, 'EdgeColor', 'r');
    text(5, 18, strcat('#',num2str(1)), 'Color','y', 'FontWeight','bold', 'FontSize',20);
    hold off;
    set(handles.editRectangle, 'String', sprintf('[%d %d %d %d]', rect(1), rect(2), rect(3), rect(4)));
    msgbox('成功!', '提示信息');
    handles.initstate = rect;
    guidata(hObject, handles);
    %编辑时长
    function editDuration_Callback(hObject, eventdata, handles)
    function editDuration_CreateFcn(hObject, eventdata, handles)
    if ispc && isequal(get(hObject,'BackgroundColor'), get(0,'defaultUicontrolBackgroundColor'))
        set(hObject,'BackgroundColor','white');
    end

    %编辑格式
    function editVideoFormat_Callback(hObject, eventdata, handles)
    function editVideoFormat_CreateFcn(hObject, eventdata, handles)
    if ispc && isequal(get(hObject,'BackgroundColor'), get(0,'defaultUicontrolBackgroundColor'))
        set(hObject,'BackgroundColor','white');
    end

    %截图按钮设计
    function pushbuttonSnap_Callback(hObject, eventdata, handles)
    %抓图按钮的响应函数
```

```
    SnapImage();

%播放按钮
    function sliderVideoPlay_Callback(hObject, eventdata, handles)
    function sliderVideoPlay_CreateFcn(hObject, eventdata, handles)
    if isequal(get(hObject,'BackgroundColor'),
get(0,'defaultUicontrolBackgroundColor'))
        set(hObject,'BackgroundColor',[.9 .9 .9]);
    end

%编辑设计
    function editSlider_Callback(hObject, eventdata, handles)
    function editSlider_CreateFcn(hObject, eventdata, handles)
    if ispc && isequal(get(hObject,'BackgroundColor'),
get(0,'defaultUicontrolBackgroundColor'))
        set(hObject,'BackgroundColor','white');
    end

%信息设计
    function editInfo_Callback(hObject, eventdata, handles)
    function editInfo_CreateFcn(hObject, eventdata, handles)
    if ispc && isequal(get(hObject,'BackgroundColor'),
get(0,'defaultUicontrolBackgroundColor'))
        set(hObject,'BackgroundColor','white');
    end

%编辑设计
    function edit11_Callback(hObject, eventdata, handles)
    function edit11_CreateFcn(hObject, eventdata, handles)
    if ispc && isequal(get(hObject,'BackgroundColor'),
get(0,'defaultUicontrolBackgroundColor'))
        set(hObject,'BackgroundColor','white');
    end

%退出按钮设计
```

```matlab
function pushbuttonExit_Callback(hObject, eventdata, handles)
%退出系统按钮
choice = questdlg('确定要退出系统?', ...
    '退出', ...
    '确定','取消','取消');
switch choice
    case '确定'
        close;
    case '取消'
        return;
end

%提示信息
function File_Callback(hObject, eventdata, handles)

function Exist_Callback(hObject, eventdata, handles)
choice = questdlg('确定要退出系统?', ...
    '退出', ...
    '确定','取消','取消');
switch choice
    case '确定'
        close;
    case '取消'
        return;
end

%提示信息
function About_Callback(hObject, eventdata, handles)
str = '视频处理系统人脸跟踪版';
msgbox(str, '提示信息');

%宽度编辑
function edit_videowidth_Callback(hObject, eventdata, handles)
function edit_videowidth_CreateFcn(hObject, eventdata, handles)
```

```
    if ispc && isequal(get(hObject,'BackgroundColor'),
get(0,'defaultUicontrolBackgroundColor'))
        set(hObject,'BackgroundColor','white');
    end

    %背景颜色
    function edit14_Callback(hObject, eventdata, handles)
    function edit14_CreateFcn(hObject, eventdata, handles)
    if ispc && isequal(get(hObject,'BackgroundColor'),
get(0,'defaultUicontrolBackgroundColor'))
        set(hObject,'BackgroundColor','white');
    end

    %编辑矩形
    function editRectangle_Callback(hObject, eventdata, handles)

    function editRectangle_CreateFcn(hObject, eventdata, handles)
    if ispc && isequal(get(hObject,'BackgroundColor'),
get(0,'defaultUicontrolBackgroundColor'))
        set(hObject,'BackgroundColor','white');
    end

    %建立图形
    function figure1_CreateFcn(hObject, eventdata, handles)

    %人脸运动轨迹
    function pushbutton15_Callback(hObject, eventdata, handles)
    if isempty(handles.moves)
        return;
    end
    axes(handles.axesVideo);
    plot(handles.moves(:, 1), handles.moves(:, 2), 'r*-');
    axis off; axis ij;
    %GUI 设计结束!
```

以上代码的原始代码包含了 MATLAB 自动生成的英文注释。因篇幅有限，此处已删除。这里假设视频已经被转换为图像序列，其实也可以不用这个假设，可以直接对视频进行处理。有了这 4 章的基础，相信大部分读者已经可以修改这个 GUI，并实现对视频的直接压缩跟踪了。只有尝试才可以取得真正的进步，可以用我们提供的视频文件，也可以用自己录制的视频文件。遇到困难时，也可直接扫描在本书封底所示的二维码，添加本书作者的微信或微信群进行咨询。

上述代码调用了很多子函数，其中比较核心的子函数的代码精华部分已经在前面展示和注释过了，可以免费下载完整的代码，运行其中的 **MainFrame.m**，结果如图 4-17 所示。

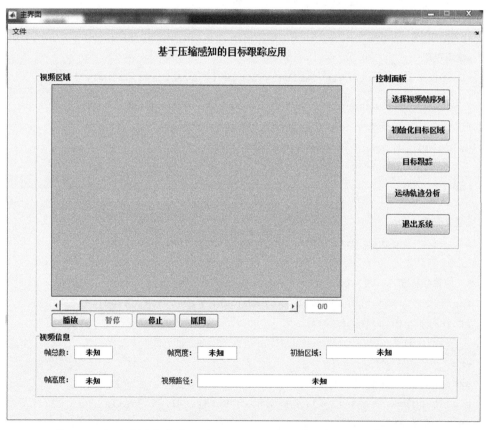

图 4-17　人脸跟踪实战界面（也可用于目标跟踪或根据运动轨迹分析行为）

第 4 章　视频图像转换及人脸跟踪

这个界面已经假设视频被转换成图像序列，所以第 1 个模块是选择视频帧序列；第 2 个模块是初始化目标区域，就是用矩形直接标定人脸区域；第 3 个模块是目标跟踪，这里实际上就是人脸跟踪。显然，这个人脸跟踪实战界面也可以用于其他局部区域的跟踪。只需提前划定区域即可，有很大的自由度；第 4 个模块是运动轨迹分析，这就允许我们根据运动轨迹分析的结果，进行目标行为甚至视频事件的判别。若有兴趣，则可以尝试实现行为分析。

我们先单击第 1 个按钮"选择视频帧序列"，结果如图 4-17 所示。

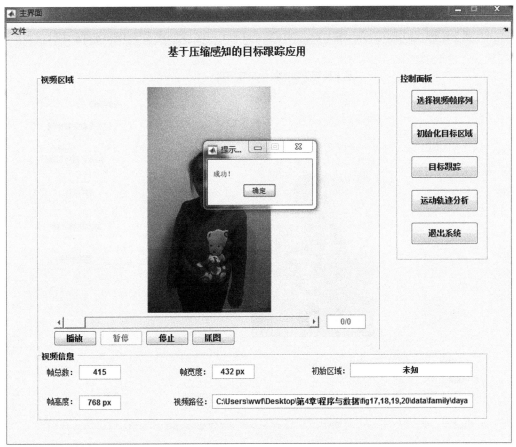

图 4-17　人脸跟踪实战界面（单击"选择视频帧序列"的效果）

注意，只能选择视频图像序列所在的文件夹，这就要求先建立这样一个文件夹，把视频图像序列先存起来。我们在 4.1 节已经专门提供了生成视频图像序列的代码，这里需要强调的是，不妨尝试把那段代码作为子函数加入 MainFrame.m 所在的文件夹，然后就可以修改 MainFrame.m 从而修改操作界面了！是的，我们正在尝试一步步引导、鼓励你去做勇敢的尝试！在最终完成了这一尝试后，你会发现视频人脸跟踪并没有想象得那么难！你对人脸识别的信心将大幅度提升！这代表你已经不再是人脸识别的初学者了！

先单击成功提示对话框里的"确定"按钮（这说明我们已经收到计算机的反馈，否则将导致运行出错），再单击第 2 个按钮"初始化目标区域"，结果如图 4-18 所示。

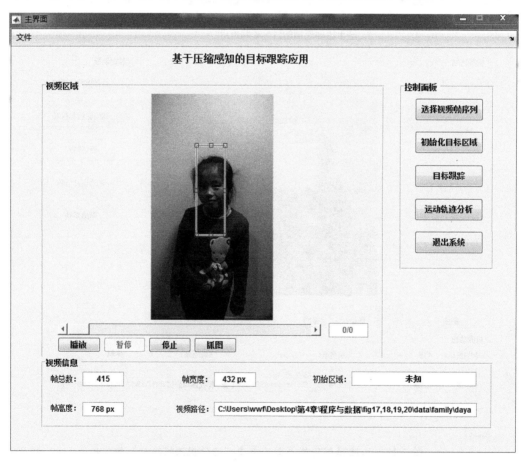

图 4-18　人脸跟踪实战界面（单击"初始化目标区域"的效果）

第 4 章　视频图像转换及人脸跟踪

人脸跟踪系统基于人脸检测算法给出了一个目标区域，如果对这个区域不满意，则可以做进一步的调整，甚至可以根据工程应用的需要（例如，希望结合目标区域的运动轨迹来实现行为识别），选择跟踪其他区域。例如，手臂的摆动（可用于识别跳舞）、上下唇的开闭程度（可用于识别哭闹、高兴等），甚至是眼睛的眨动（可用于识别疲劳状态）。

这个目标区域的重新划定是非常简单的，可以拖动矩形框，也可以对其长宽进行放缩。这里不做演示。现在，我们再单击第 3 个按钮"目标跟踪"，结果如图 4-19 所示。

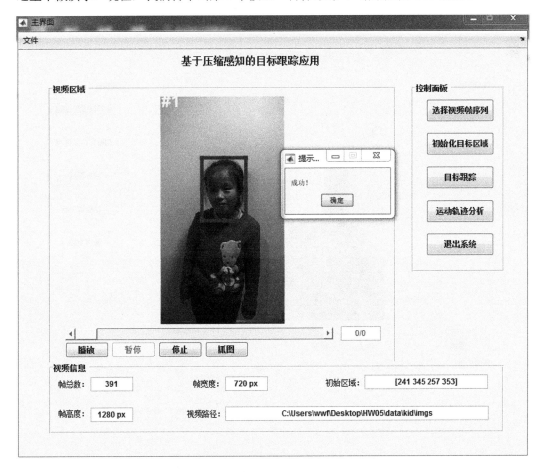

图 4-19　人脸跟踪实战界面（单击"目标跟踪"的效果）

可以看到，我们在单击第 3 个按钮"目标跟踪"之前已经对目标区域进行了重新划定，使得人脸区域的定位更加精确。请注意在划定好区域之后，必须双击矩形边框，看到矩形变成红色且出现成功提示后，才算是操作完成了。这时我们还可以看到在图片的左上角标记了一个"#1"，意思是视频压缩跟踪的第 1 帧，然后单击"确定"按钮。注意，这时才能单击第 3 个按钮"目标跟踪"，这样就可以看到整个视频压缩感知与人脸跟踪的效果了！不妨一试。

这需要花费一点时间，请耐心等待整个视频人脸跟踪运行完成后，并看到出现成功提示，再继续进行下一步操作，结果如图 4-20 所示。

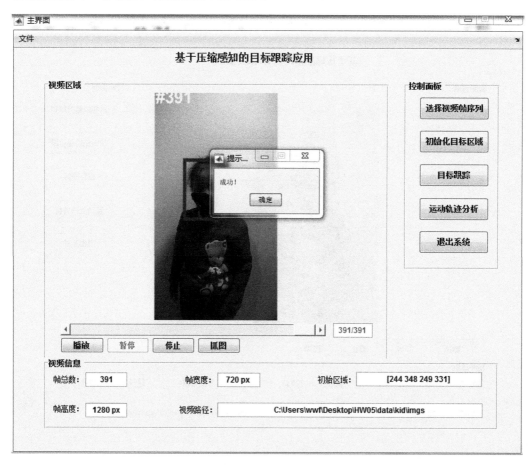

图 4-20　人脸跟踪实战界面（完成跟踪的效果）

可以看到，这里总共选择了 391 个视频帧进行目标跟踪，而在整个视频压缩跟踪的过程

第 4 章　视频图像转换及人脸跟踪

中，矩形框的位置始终锁定在我们划定的人脸区域中，所以我们最终实现了基于视频压缩感知的人脸跟踪！这个重新划定后的跟踪效果，比直接用最初的人脸检测得到的区域跟踪效果好得多，尽管需要人为干预，但是对特定的工程项目也具有一定的实战意义！

最后，单击第 4 个按钮"运动轨迹分析"，尝试根据人脸的运动轨迹去理解人的行为。这其实是很有挑战性和重大研究价值的，因为行为识别技术在目前还没有完全成熟，而利用运动轨迹去理解人的行为，也有很大的局限性，结果如图 4-21 所示。

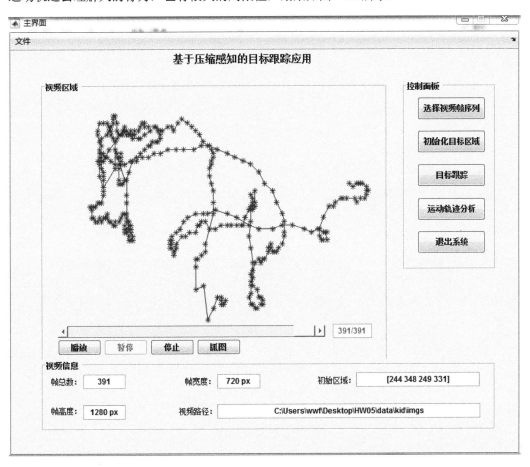

图 4-21　人脸跟踪实战界面（单击"运动轨迹分析"的效果）

我们看到，利用运动轨迹去理解人的行为，确实有很大的挑战性！这个轨迹是我们所划定人脸的矩形框的中心的运动轨迹，如此妖娆的轨迹，说明小朋友（如图 4-20 所示的目标对象）不仅摇头晃脑（可能正在朗诵诗歌），而且应该在进行不明显的全身运动（难道是在跳舞？）。而事实是这个小朋友正在摇头晃脑地歌唱，在欢乐之余，身体就能很放松并有些运动。怎么样，人脸跟踪是不是很有趣？希望大家通过本章的学习，不仅能完成人脸跟踪的入门、进阶与实战，还能对视频识别产生浓厚的兴趣。

第 5 章

类脑视觉认知及人脸识别

　　大脑对人脸的识别，是以人脑海里熟悉的面部特征为基础的，然后依托其对人脸距离、观察角度及姿态变化的良好适应能力，将观察到的人脸与脑海里的特征脸进行匹配，对存在遮挡问题的人脸还会与人脸跟踪及经验更新结合起来，重构无遮挡的人脸，即在人脸跟踪、人脸重构的基础上完成人脸识别。这与机器视觉系统的人脸识别流程（人脸检测→人脸对齐→人脸重构→人脸跟踪）大致相同。事实上，随着人脸识别技术的快速发展，一些高端的人脸识别算法，特别是深度学习等融入了类脑元素的算法，在特定情况下（例如，双胞胎、年龄跨度大等）已超越大脑对人脸的识别能力。然而迄今为止，机器智能仍然没有完全成熟，目前还暂时没有研制出完全具有思维能力（准确地说，就是思维能够完全像人一样）的机器视觉系统，导致机器人脸识别仍然存在一些难以克服的技术瓶颈。

5.1 第1阶段：入门

5.1.1 类脑认知问题

从图灵到机器智能学科的诞生，其发展至今已有半个多世纪，实现人类大脑水平的机器智能系统一直是机器智能学科探索的长期目标。机器视觉系统的人脸识别也应该以类人的识别为终极目标，这自然就引出了类脑认知问题。虽然目前还没有任意通用的机器智能系统能够真正达到或接近人类大脑的智能水平，但是经过长期积淀和几代科学家的努力，特别是脑科学的发展，也带来了一些有益的启示，迄今为止，类脑智能学说的创立和发展已经具备了相当坚实的基础。早在19世纪末，西班牙解剖学家就创立了神经元学说，随着脑科学研究的深入，关于神经元的生物学特征和相关的电学性质被相继发现。自1943年模拟人类实际神经网络的数学方法问世以来，过去了60余年，才出现尝试模拟人类大脑皮层结构的深度神经网络。深度学习的出现对传统的人工智能产生了很大的冲击，使得强调脑科学和神经科学结合的类脑计算与类脑智能在人工智能领域的地位变得更为重要，大有梦想照进现实之感！自深度学习（Deep Learning）产生之后，机器智能研究者开始尝试从深度学习的角度，回顾、总结并进一步发展过去在语音、图像和自然语言处理等方面的研究成果，并取得了一些不小的突破。我国在类脑智能研究方面起步较晚，却成绩斐然！在国家大力推进科技自主创新的背景下，我国科学家锐意进取，坚定地审视国际科学的前沿成果，并敢于提出自己的学术见解！南京大学周志华教授创立的"深度森林"就是一种可以与深度神经网络相媲美的基于树的模型，已经引起了国内外学者的积极关注。

得益于国家优先战略的支持，我国科学家正在提出更具创新性的哲学观点和算法思想，进一步推进机器智能、机器学习的发展！没错，哲学思想与人工智能创新的关系正激起我国科学家的研究兴趣！例如，《求索》2017年第2期发表了武汉大学国际软件学院蔡恒进教授的《认知坎陷作为无执的存有》，对人工智能时代的哲学基本问题进行了一些有益的探讨！同年年底，国际系统与控制科学院院士、澳门大学陈俊龙教授创立的宽度学习（Broad

Learning），尝试从不同于 Deep Learning 的另一个角度，继续推进机器学习的发展。这种富有哲学思想的高端算法，毋庸置疑，在工程实践中也有着极高的探索价值！陈俊龙教授的实验结果显示，相对于深度学习，宽度学习的最大优势在于算法的执行速度，比深度学习还要快 1000～2000 倍，还可随时进行增量学习，用于函数逼近都没有问题，而且准确率也得到了保证，又快又准！据悉，相关论文 *Broad Learning System: An Effective and Efficient Incremental Learning System Without the Need for Deep Architecture* 已被国际权威学术期刊 *IEEE Transactions on Neural Networks and Learning Systems* 接收！

为了继续加深对人脸识别与类脑认知关系的认识，我们先进一步深化对人脸识别算法的认识，为本书结尾的人脸识别实战及本书之外的后续学习继续做更充分的准备。我们知道，常见的人脸识别算法可归结为基于几何特征的识别算法、基于模板的识别算法和基于模型的识别算法等三类。其中，基于几何特征的识别算法最为简单，通过本书第 1 章的描述，大家已经有了初步理解。采用一般几何特征只描述了眼睛、鼻子、嘴巴、下巴等人脸关键部位的基本形状与结构关系，却忽略了局部细微特征，造成部分信息的丢失，只适合做人脸图像的粗略分类，而且相关特征点的检测难度高，计算量也较大。与几何特征法相比，可变形模板法的算法思想更加完善，基于参数的人脸表示可以实现对人脸显著特征的更高效描述。然而，因为变形模板法需要大量的前处理和精细的参数选择，导致能量函数的优化过程十分耗时，而且各种敏感代价的加权系数只能由经验确定，导致可变形模板法难以得到广泛推广和应用。进一步改进的方法还包括基于相关匹配的算法、特征脸算法、线性判别分析算法、奇异值分解算法、神经网络算法、动态连接匹配算法等。基于模型的识别算法最为复杂，不仅涉及隐马尔柯夫模型、主动形状模型和主动外观模型等经典模型，还可能涉及压缩感知、深度学习等较前沿、较高端的算法。基于这一基本认识，本章对于类脑视觉认知与人脸识别问题的阐述更侧重于基于模型的识别算法。

模板法和模型法都看作几何特征法的改进。其中，基于模板的识别算法可以看作几何特征法的初步改进，例如，可变形模板法对几何特征法的改进过程是：首先设计一个参数可调的器官模型（即可变形模板），然后定义一个能量函数，最后通过调整模型参数使能量函数最小化。换而言之，可变形模板法用经过设计和调整的模型参数替代几何特征，更精确地描述眼睛、鼻子、嘴巴、下巴等人脸关键部位的几何特征。模型法也可以看作几何特征法的深入改进，以基于 Gabor 小波变换的人脸识别算法为例，其实现步骤是：先精确抽取面部特征点；然后采用 Gabor 引擎（滤波器）匹配，其中，Gabor 滤波器的设计主要是借助优先方位和频率的选择，使其网络函数被限制为一个平面波形，从而对线条边缘的变化更敏感，能较好地排除姿态、表情、发型、眼镜、光照等带来的变化，缺点是识别速度很慢，很难用于实时人脸识别，主要用于录像资料的回放识别。

尽管人脸识别算法日新月异、层出不穷，但所有的识别算法都是以面部特征建模和人脸检测为基础的，识别原理一般是在库中存贮若干标准人脸模板或人脸器官模板。也可以不用提取眼、嘴、鼻等几何特征，而是将人脸图像看作矩阵计算，例如，本征脸法就是计算本征值和对应的本征向量作为代数特征进行识别。在一些特定的应用场景中，对人脸的许多规律或规则很难进行显性的描述，还可以用神经网络训练以获得这些规律和规则的隐性表达。人工神经网络的优势是识别速度快、适应性更强、易实现，但识别率低。

5.1.2 类脑认知函数

从 1943 年模拟人类实际神经网络的数学方法问世，到现在已过去了 70 余年，尝试模拟人类大脑皮层结构的深度神经网络已经得到了科学家的广泛关注和深入研究，并且在工程实践中取得了普遍且成功的应用。网络上关于 MATLAB 神经网络工具箱及其函数用法已经有很多精彩的文字描述和应用案例，读者不妨参考这些内容。

事实上，类脑智能与类脑算法的研究不仅包括神经网络、深度学习等从微观层面模拟大脑神经元信号传递与分析处理过程的算法，就类脑视觉认知而言，还应该包括一些从宏观层面研究和实现大脑视觉特性的算法。例如，一开始机器视觉系统对人脸的认知是二维的，而大脑视觉系统对人脸的认知是三维的，针对这一差异，有一些科学家提出了三维人脸识别的算法，比传统的机器视觉算法更接近大脑的视觉系统。从更广泛的意义上讲，自然也可以纳入类脑算法的范畴，却往往被忽略！准确地说，在类脑智能研究方面，我们一直在路上，迄今为止，还没有一个被普遍认可的完整框架。由于大脑视觉与机器视觉之间的差异不仅是三维认知与二维认知之间的差异（部分智能机器已经开始采用三维视觉系统），而且对三维目标特征的描述方式也存在差异。基于机器三维视觉系统的认知计算，如何更好地模仿大脑视觉系统的认知计算过程，是一个更有价值的研究课题。其中最主要的一个难点在于，机器视觉系统对目标的认知计算一般是基于一个视角的，而大脑视觉系统对目标的认知是多视角的。在某些特定的应用背景下，例如智能视频监控，机器视觉系统经常需要摄像头之间的联动监控，以获取多视角的信息。遗憾的是，这种整合过程与大脑多视角的视觉认知过程有明显的差异。大脑视觉系统的多视角认知还包含了旋转、投影和统计等更复杂的理解与计算层面，这就要求机器的三维视觉系统（包含深度信息）对三维目标的特征认知、特征计算与特征学习均考虑到这些复杂的理解与计算层面。本书第 2 副主编、国防科技大学郭裕兰老师创立的 RoPS 特征（Rotational Projection Statistics），模仿了大脑视觉系统对三维目标特征认知、特征计算与特征学习过程中的旋转投影统计思想。该算法已被莫斯科国立大学学者在本田公司的资助下编写成 C++代码，并被收录到国际标准源代码库目录中，这也是在点云特征提取领域被收录的第 1 套由中国学者研发的算法代码，而基于 RoPS 特征的目标识别算法也已经在全球公用的 4 个数据库上完成测试。测试结果表明：基于 RoPS 特征的算法可以使目标识别的精准度和稳健性大大提高，同时，能更好地克服遮挡、噪声及数据不完备等的影响。

RoPS 特征是一种可用于三维目标识别的全新点云局部特征提取算法，已经在室内机器人操控、三维地图测绘、三维数字博物馆建立、导航与制导等诸多领域得到成功应用。鉴于此，本章在入门和进阶部分将以 RoPS 特征为类脑算法示例，拓展我们对类脑认知函数、类脑视觉认知、类脑特征计算、类脑特征学习的算法思想的认知，在实战部分除了基于 RoPS 特征进行了人脸识别实战，还会讲解人脸深度学习，让我们获得更完整的认知。由于涉及原作者的版权问题，在本书撰写之初，特邀请郭裕兰老师将他这套珍贵的算法贡献出来，以让更多的读者获益,郭裕兰老师不仅欣然同意,而且同意作为本书第 2 副主编，分享了关于 RoPS 特征的一些更深刻的算法思想！就算法设计思想而言，RoPS 特征主要受到了人眼识别物体的启发（即模仿大脑视觉），采用旋转投影统计法将三维的点云数据通过投影转化为便于分析的二维数据及一维统计量，并借助旋转方法获得多视角下的三维目标的信息。

郭裕兰老师已发布 RoPS 特征的开源 MATLAB 代码，由 3 个主程序和 10 个自定义函数构成，其中，主程序又分为特征提取主程序（基于网格的 demo_RoPS_Extraction_Mesh.m 及基于点云数据的 demo_RoPS_Extraction_Pointcloud.m）和基于网格的特征匹配主程序（demo_RoPS_FeatureMatching_Mesh.m），而 10 个自定义函数又可具体分为特征认知函数（check_face_vertex、preprocessingFunc）、特征计算函数（compute_edges、pointCloud2mesh、RoPSFunc）、特征学习函数（LRFforMeshFunc、LRFforPntCldFunc、showCorresFunc、subRoPSFunc、trans2Dto1DFunc）。如图 5-1 所示。

名称	修改日期	类型	大小
Data	2014-9-8 10:40	文件夹	
check_face_vertex	2014-6-7 23:58	M 文件	1 KB
compute_edges	2014-6-7 23:58	M 文件	1 KB
demo_RoPS_Extraction_Mesh	2014-9-8 10:17	M 文件	3 KB
demo_RoPS_Extraction_Pointcloud	2014-9-8 10:15	M 文件	3 KB
demo_RoPS_FeatureMatching_Mesh	2014-9-8 10:24	M 文件	5 KB
Description	2014-6-7 16:36	文本文档	2 KB
LRFforMeshFunc	2014-6-7 23:55	M 文件	5 KB
LRFforPntCldFunc	2014-6-7 12:07	M 文件	4 KB
pointCloud2mesh	2014-6-7 10:53	M 文件	6 KB
preprocessingFunc	2014-6-7 11:38	M 文件	3 KB
README	2015-5-12 14:47	文本文档	2 KB
RoPS	2014-6-7 15:50	JPEG 图像	49 KB
RoPSFunc	2014-6-7 12:05	M 文件	6 KB
showCorresFunc	2014-6-7 14:31	M 文件	1 KB
subRoPSFunc	2013-7-10 14:01	M 文件	2 KB
trans2Dto1DFunc	2014-6-7 14:04	M 文件	1 KB

图 5-1　RoPS 特征的开源 MATLAB 代码（截图展示）

本节将主要介绍 RoPS 特征在 MATLAB 实现过程中所涉及的 MATLAB 工具箱函数，对特征认知函数、特征计算函数、特征学习函数等自定义函数将在 5.2 介绍，而对特征提取主程序、特征匹配主程序的介绍则安排在人脸识别实战部分。如前所述，为了使得读者获得更完整的认识，也为了更好地帮助读者完成思维过渡，本章在介绍基于 RoPS 特征的三维人脸识别之前，还将介绍基于深度学习的二维人脸识别。此外，鉴于陈俊龙老师的宽度学习算法

第 5 章 类脑视觉认知及人脸识别

是从不同于深度学习的另一个角度进行机器学习的，所以这里还将介绍如何基于宽度学习算法处理人脸识别中的遮挡问题，以使我们获得最完整的认识。关于这种全新的点云局部特征提取算法如何与深度学习、宽度学习结合及其如何突破目前机器视觉系统面临的人脸识别技术瓶颈，则留给大家讨论和探索。

RoPS 特征的 MATLAB 实现是比较复杂的，为了能完全、深入地理解这一算法，并能设计这样的 MATLAB 算法体系，我们将先结合自定义函数及辅助的工具箱函数在三个主程序中被调用时的核心代码完成初步的认知！

demo_RoPS_Extraction_Mesh.m 的完整代码的实现用到了 12 个函数，包括 6 个自定义函数及 6 个辅助的工具箱函数，此处仅展示了这些自定义函数及辅助的工具箱函数的调用语句：

```
    mesh = pointCloud2mesh(pointcloud,[0 0 1],0.4);
    %出现第 1 个函数，此为自定义函数
    %============================preprocessing============================%
    out = preprocessingFunc(mesh);
    %出现第 2 个函数，此为自定义函数
    %============================detect
    temp = randperm(length(mesh.vertices));
    %出现第 3、4 个函数，此为工具箱函数
    mesh.LRF = LRFforMeshFunc(mesh, mesh.keypntIdx, para.RoPS_nbSize);
    %出现第 5 个函数，此为自定义函数
    disp('LRFs calculated');
    %出现第 6 个函数，此为工具箱函数
    RoPS = RoPSFunc(mesh, para.RoPS_nbSize, para.RoPS_binSize,
para.RoPS_rotaSize,mesh.LRF);
    %出现第 7 个函数，此为自定义函数
        temp = trans2Dto1DFunc(mesh.RoPS{keypntIdx});
    %出现第 8 个函数，此为自定义函数
    kdtreeMesh1Features =
KDTreeSearcher(mesh1Features,'Distance','euclidean');
    %出现第 9 个函数，此为工具箱函数
        [idxSort,distSort] = knnsearch(kdtreeMesh1Features,
```

```
mesh2Features(keypntIdx1,:),'k',2,'Distance','euclidean');
    %出现第10个函数,此为工具箱函数
    showCorresFunc(mesh1, mesh2, mesh1.keypntIdx(corPntIdx(:,1)),
mesh2.keypntIdx(corPntIdx(:,2)), [0,200,0]); %出现第11个函数,此为自定义函数
    web(url,'-browser')  %出现第12个函数,此为工具箱函数
```

demo_RoPS_Extraction_Pointcloud.m 的完整代码的实现用到了 8 个函数,包括两个自定义函数及 6 个辅助的工具箱函数,其中大部分在 demo_RoPS_Extraction_Mesh.m 中已被用过,此处仅展示这些自定义函数及辅助的工具箱函数的调用语句:

```
    temp = randperm(length(pointcloud.vertices));
    %第1个函数,demo_RoPS_Extraction_Mesh.m 已用,自定义函数
    pointcloud.keypntIdx = temp(1:keypntNum);
    %第2个函数,demo_RoPS_Extraction_Mesh.m 已用,工具箱函数
    %=============================preprocessing===========================%
    kdtreeVertices =
KDTreeSearcher(pointcloud.vertices,'Distance','euclidean');
    %第3个函数,demo_RoPS_Extraction_Mesh.m 已用,工具箱函数
    [idx,dist] = knnsearch(kdtreeVertices,
pointcloud.vertices,'k',2,'Distance','euclidean');
    %第4个函数,demo_RoPS_Extraction_Mesh.m 已用,工具箱函数
    pointcloud.res = mean(dist(:,2));
    %第5个函数,demo_RoPS_Extraction_Mesh.m 未用,工具箱函数
    disp('LRF calculation finished');
    %第6个函数,demo_RoPS_Extraction_Mesh.m 已用,工具箱函数
    RoPS = RoPSFunc(pointcloud, para.RoPS_nbSize, para.RoPS_binSize,
para.RoPS_rotaSize,pointcloud.LRF);
    %第7个函数,demo_RoPS_Extraction_Mesh.m 已用,自定义函数
    web(url,'-browser')
    %第8个函数,demo_RoPS_Extraction_Mesh.m 已用,工具箱函数
```

demo_RoPS_FeatureMatching_Mesh.m 的完整代码的实现用到 12 个函数,包括 6 个自定义函数及 7 个辅助的工具箱函数,在 demo_RoPS_Extraction_Mesh.m 中均已被用过,此处仅

展示这些自定义函数及辅助的工具箱函数的调用语句:

```
    mesh = pointCloud2mesh(pointcloud,[0 0 1],0.4);
    %第1个函数,demo_RoPS_Extraction_Mesh.m已用,自定义函数
    %============================preprocessing==========================%
    out = preprocessingFunc(mesh);
    %第2个函数,demo_RoPS_Extraction_Mesh.m已用,自定义函数
    %===========================detect keypoints========================%
    temp = randperm(length(mesh.vertices));
    %第3、4个函数,demo_RoPS_Extraction_Mesh.m已用,工具箱函数
    %========extract RoPS features at the keypoints on a mesh===========%
    mesh.LRF =  LRFforMeshFunc(mesh, mesh.keypntIdx, para.RoPS_nbSize);
    %第5个函数,demo_RoPS_Extraction_Mesh.m已用,自定义函数
    disp('LRFs calculated');
    %第6个函数,demo_RoPS_Extraction_Mesh.m已用,工具箱函数
    RoPS = RoPSFunc(mesh, para.RoPS_nbSize, para.RoPS_binSize,
para.RoPS_rotaSize,mesh.LRF);
    %第7个函数,demo_RoPS_Extraction_Mesh.m已用,自定义函数
    temp = trans2Dto1DFunc(mesh.RoPS{keypntIdx});
    %第8个函数,demo_RoPS_Extraction_Mesh.m已用,自定义函数
    %============================preprocessing==========================%
    kdtreeMesh1Features =
KDTreeSearcher(mesh1Features,'Distance','euclidean');
    %第9个函数,demo_RoPS_Extraction_Mesh.m已用,工具箱函数
    [idxSort,distSort] = knnsearch(kdtreeMesh1Features,
mesh2Features(keypntIdx1,:),'k',2,'Distance','euclidean');
    %第10个函数,demo_RoPS_Extraction_Mesh.m已用,工具箱函数
    showCorresFunc(mesh1, mesh2, mesh1.keypntIdx(corPntIdx(:,1)),
mesh2.keypntIdx(corPntIdx(:,2)), [0,200,0]);
    %第11个函数,demo_RoPS_Extraction_Mesh.m已用,自定义函数
    %===============================links===============================%
    web(url,'-browser')
    %第12个函数,demo_RoPS_Extraction_Mesh.m已用,工具箱函数
```

我们看到，包括加载数据使用的 load 函数、处理数据使用的 for 循环在内，在三个主程序中用到了 pointCloud2mesh、preprocessingFunc、randperm、length、for、LRFforMeshFunc、disp、RoPSFunc、trans2Dto1DFunc、KDTreeSearcher、knnsearch、showCorresFunc、web、mean、load 等 15 个函数，其中有 9 个工具箱函数，仅用到 6 个自定义函数。另外 4 个自定义函数（check_face_vertex、compute_edges、LRFforPntCldFunc、subRoPSFunc）没有在主程序中用到，那么唯一的可能性，就是在某些自定义函数中用到了这 4 个自定义函数。如前所述，本节主要涉及 randperm、length、for、disp、knnsearch、KDTreeSearcher、web、mean、load 等 9 个 MATLAB 自带的工具箱函数，所有自定义函数的核心代码将在 5.2 节进行介绍，而三个主程序的终极解读则安排在实战部分。从上述核心代码涉及的函数类型看，这样的安排也更为合理！下面逐个介绍这 9 个工具箱函数的用法。

1. randperm 函数

randperm 函数主要用于构造替代数据。在数据不足的情况下，我们可以打乱原数据的排列次序，通过随机置换原数据的排列次序，生成与原数据系列统计特征（如均值、方差、分布）一致的随机数据，作为替代数据。randperm 函数的调用格式如下：

```
p = randperm(n);
%返回一个从 1-n 的包含 n 个数的随机排列（每个数字只出现一次）——以行向量的形式；如果希望从 1-n 的数字序列里面随机返回 k 个数，则可以使用；
%如果希望这 k 个数之间彼此也是不相同的，则可以用
p = randperm(n,k)
%产生不重复的随机排列
%如果希望与原数据结合，则可以用
%new = old(randperm(size(old,1)),:);
%新数组中的各行被重排
%如果各列也需要重排，则可以嵌套使用
%这时 randperm 完成的是不重复的重排采样（k-permutations）
%如果需要让结果中的数重复多次出现，则可以用
randi(n,1,k)
```

randperm 和 rand、randi、randn 一样，其随机数的生成是受 rng 命令控制的，因此，可通过该命令影响随机数据流 rand stream 的情况。相关的重新排序命令还包括 amd、colamd、colperm、dmperm、ldl、symamd、symrcm、randsample 等，其中，randsample 函数尤为重要，在构建替代数据时常与 randperm 函数协同使用。randsample 函数对各种使用的情形进行了封装，其主要优势是可以很方便地实现随机数的权重分布；randperm 函数则比 randsample 函数更直接、更底层。randsample 函数的调用格式如下：

```
y = randsample(n,k)
%和 randperm(n,k)的功能一样，都是产生 k 个不相同的数（1-n）
y = randsample(population,k)
%功能相当于 randperm 和原数据组结合使用的形式，例如，当 population=ARRAY 时，就是从
ARRAY 数组里面随机取出 k 个不相同的数
y = randsample(n,k,replacement)
% replacement 是一个 bool 变量（布尔型变量，也就是逻辑型变量的定义符），在 replacement
为 1 的时候，取出的数可能是重复的，在 replacement 为 0 的时候，可能不重复
y = randsample(population,k,replacement)
%在 y = randsample(population,k)的基础上增加了 bool 变量
y = randsample(n,k,true,w)
%在 y = randsample(n,k,replacement)的基础上多出来一个 w，是权重系数，能够根据此权
重系数在原数组（或 1-n 数组）里面选出可能重复的 k 个数
y = randsample(population,k,true,w)
%在 y = randsample(population,k,replacement)的基础上多出来一个权重系数 w
y = randsample(s,...)
%可用自己提供的随机数 stream 替换系统默认的随机数，s 须派生自 Matlab 的 RandStream 类
```

细心的读者会发现 randsample 函数和 randperm 函数的用法其实很相似。例如，之前用 randperm 函数实现的旧数组随机排序，也可以用 randsample 函数实现：

```
new = old(randsample(1:length(matrix) , length(matrix) ,0),:);
new = randsample(old, length(old), 0);
```

2. length 函数

length 函数的主要功能是计算指定的向量或矩阵的长度，调用格式如下：

```
y = length(x)
%如果参数变量 x 是向量，则返回其长度；
%如果参数变量是非空矩阵，则 length(x) 与 max(size(x)) 等价
```

在 MATLAB 中 size 函数、length 函数、numel 函数是三个密切联系而又有所区别的函数，其中，size 函数主要用于获取数组的行数和列数，length 主要用于计算数组的长度（即行数或列数中的较大值），而 numel 函数的主要功能是获取元素的总数。它们的用法如下：

```
s=size(A)    %只有一个输出参数的情形
%返回一个行向量，该行向量的第 1 个元素是数组的行数，第 2 个元素是数组的列数。如果只希望返
回数组的行数、列数之一，则只需在函数的输入参数中再添加一项，并用 1 或 2 为该项赋值，其中
r=size(A,1)仅返回数组 A 的行数，  c=size(A,2)仅返回数组 A 的列数

[r,c]=size(A)%有两个输出参数的情形
%将数组的行数返回给第 1 个输出变量，将数组的列数返回给第 2 个输出变量
n=numel(A)
%返回数组中元素的总数
n=length(A)
%如果 A 是一个向量，则返回 A 的长度
%如果 A 为空数组，则返回 0
%如果 A 为非空数组，则相当于执行了 max(size(A))，即
n=max(size(A))
%若 A 为空数组，则返回 A 中最大的非 0 维数
%若 A 为非空数组，则返回 A 的最大维数
```

3. for 循环

for 循环是 MATLAB 中的一个用法简单却极其重要的函数。与 for 循环功能类似的还有 while、if、switch 等函数。MATLAB 主要采用顺序结构、循环结构、选择结构等三种编程结构。顺序结构最为常用，这种 MATLAB 代码一般是由程序模块串接构成的，而每个程序模

块可以是一段程序、一个函数或者一条语句，可以将这些程序模块看作具有独立功能的逻辑单元。人脸识别算法的 MATLAB 编程一般不会是单纯的顺序结构，而是顺序结构与循环结构、选择结构的综合，有时甚至需要使用循环的嵌套，换而言之，一些复杂的人脸识别算法还会采用多重循环结构。for 语句的调用格式如下：

```
%%第 1 种格式
for 循环变量 = 表达式 1&表达式 2&表达式 3
%每个表达式定义了循环变量的初值、步长及终值，其中&逻辑连接符可根据需要替换
        在循环处理过程中重复的算法细节
%可称之为循环体
    end
%循环结束；每个 for 必须有一个 end 与之对应


  %%第 2 种格式
for 循环变量=矩阵表达式
            循环体
    end
%依次将矩阵的各列元素赋给循环变量，然后执行循环体语句，直至各列元素处理完毕
```

人脸识别算法中的循环处理过程有时需要在特定的条件下执行，在这种情况下则可以采用 while 语句，调用格式如下：

```
while（条件）
          循环体
     end
%条件成立时，执行循环体
```

人脸识别算法中的循环处理过程有时需要在特定的条件下终止，跳出循环后，程序将执行循环语句的下一语句。在这种情况下，则可以采用 break 语句，调用格式示例如下：

```
for 循环变量 = 表达式
%开始设定终止循环的条件
```

```
if 条件
break
end
%if 语句结束；每个 if 必须有一个对应的 end
    此处的代码为在循环处理过程中的算法细节
End
```

人脸识别算法的设计有时需要在某些情况下跳过循环体中剩下的语句，继续下一次循环，在这种情况下，则可以采用 continue 语句。简而言之，continue 的作用是省略 for 或者 while 循环语句之后的代码，调用格式与 break 语句类似：

```
for 循环变量 = 表达式
%开始设定执行下一次循环的条件
if 条件
continue
end
%if 语句结束；每个 if 必须有一个对应的 end

    此处的代码为在循环处理过程中的算法细节
End
```

如果不存在循环语句，只是单纯想设定算法执行的条件，则可以使用选择结构的 MATLAB 程序，在这种情况下，可以采用 if-else 语句，调用格式示例如下：

```
%第1种格式
    if 表达式
      程序模块
    end
%第2种格式
    if 表达式
      程序模块1
    else
      程序模块2
    End
```

第 5 章 类脑视觉认知及人脸识别

人脸识别算法的执行可能会存在多种情形，需要分别设定这些情形对应的条件，在这种情况下，可以用 switch 语句替代多分支的 if 语句。相对于嵌套的 if-else 语句，switch 语句更加简洁明了，可读性也更好。调用格式示例如下：

```
switch 表达式
case 条件1 %第1种情形
  算法模块1
case 条件2 %第2种情形
  算法模块2
case 条件3 %第3种情形
  算法模块3
......
otherwise
  算法模块 n %第 n 种情形
End
```

注意，这里一般是计算表达式的值，并用这个计算结果作为条件判定依据。换而言之，可以把 case 的条件设定为表达式计算结果与某个数值的比较，如果满足条件，则执行该 case 的算法模块；如果前 n 种情形都不满足，则执行 otherwise 后的算法模块。

4. disp 函数

disp 函数的主要功能是直接将某些内容输出在 MATLAB 的命令窗口中，关键是看 disp 函数怎么把字符和数字一起显示。简而言之，在 MATLAB 编程中 disp 函数的功能类似于 C 语言中的 printf 函数，即屏幕输出函数。调用格式如下：

```
%第1种格式：输出字符串
disp('string')
%disp(x)函数只有一个输入，当有多个字符串作为输入时就会报错

%第2种格式：输出变量的值
disp(x)
%在这种情况下 disp(x)函数也只能有一个输入变量
```

```
%第 3 种格式：同时输出字符串和数字
disp(['x=',num2str(x)])
```

5. knnsearch 函数

knnsearch 函数主要用于 K 近邻算法的实现，具体功能是找到 k 个最近的邻居（函数名可以这样记：knn+search）。K 最近邻（kNN）是一个理论上比较成熟的分类算法，也是最简单的机器学习算法之一。knnsearch 函数的调用格式如下：

```
%第 1 种格式
IDX = knnsearch(X, Y)
%在向量集合 X 中找到分别与向量集合 Y 中每个行向量最近的邻居。X 为 M_X-by-N 矩阵，Y 为 M_Y-by-N
的矩阵，X 和 Y 的行对应观测的样本列对应每个样本的变量。IDX 是一个 M_Y 维的列向量，IDX 的每一行对
应着 Y 每一个观测在 X 中最近邻的索引值。

%第 2 种格式
[IDX, D] = knnsearch(X,Y)
%返回值 D 是距离值，按行升序排列

%第 3 种格式
[IDX, D]= knnsearch(X,Y,'NAME1',VALUE1,...,'NAMEN',VALUEN)
%'NAME1', ..., 'NAMEN'是搜寻的方法参数或选择哪种距离作为最近邻的度量标准
%VALUE1, ..., VALUEN 是"K"值，就是表示需要找到的最近邻的个数
```

6. load 函数

load 函数主要用来读取我们已经保存好的 MAT 文件，调用格式很简单：

```
load('data.mat')
```

7. web 函数

web 函数的主要功能是在 MATLAB 中打开网页或文件，其中，打开网页的命令如下：

```
web(url,'-browser')
```

8. mean 函数

mean 函数的主要功能是求数组的平均数或者均值，调用格式如下：

```
%第 1 种格式
M = mean(A)
%返回数组中不同维的元素的平均值。
%如果 A 是一个向量，则 mean(A) 返回 A 中元素的平均值；如果 A 是一个矩阵，则 mean(A) 将其中
的各列视为向量，将矩阵中的每列视为一个向量，返回一个包含每一列所有元素的平均值的行向量。如果
A 是一个多元数组，则 mean(A) 将数组中第 1 个非一维的值视为一个向量，返回每个向量的平均值。


%第 2 种格式
M = mean(A,dim)
%返回 A 中标量 dim 指定的维数上的元素的平均值。对于矩阵，mean(A,2) 就是包含每一行的平均
值的列向量。
```

9. KDTreeSearcher 函数

KDTreeSearcher 函数的最大优势在于，可以找出某个向量中每一个元素对应另一个向量"距离"最近的点（被称为"最近邻"），而且，此函数支持多种"距离"量纲，使用起来很灵活，功能很强大。如果我们有一些数据点（以及它们的特征向量）构成的数据集，则对于一个查询点，该如何高效地从数据集中找到它的最近邻呢？最简便的方法就是基于 k-d-tree 进行最近邻搜索。KDTreeSearcher 函数属于 K 最近邻（k-Nearest Neighbor，KNN）分类算法体系。KNN 人脸识别算法的思路很简单：若一个人脸在特征空间中的 k 个最相似（即特征脸空间中最邻近）的样本中的大多数属于某一个人，则该人脸也属于这个人。KNN 算法思想的简洁明了，使之成为一种非常重要的机器学习（或数据挖掘）算法，ICDM 2006（IEEE International Conference on Data Mining）将 KNN 列为当代十大数据挖掘算法。KDTreeSearcher 函数的调用格式如下：

```
KDX = KDTreeSearcher(X)
KDX = KDTreeSearcher(X,Name,Value)
```

KDTreeSearcher 函数的用法有很多,感兴趣的读者请自行搜索相关内容。KDTree (K-Dimension Tree)是对数据点在 k 维空间中划分的一种平衡二叉树。简而言之,就是把整个空间划分为特定的几个区块,然后在特定空间的区块内进行相关搜索操作。K 近邻算法的核心在于找到实例点的邻居,这时,问题就接踵而至了:如何找到邻居、邻居的判定标准是什么,以及用什么来度量。在特征空间中两个实例点的距离可以反映两个实例点之间的相似性程度。K 近邻模型的特征空间一般是 n 维实数向量空间,使用的距离可以是欧式距离,也可定义为其他距离。该算法作为分类方法的主要不足如下。

(1)在样本不平衡时(即某类样本容量很大,而其他类样本容量很小时),新样本的 k 个邻居中大容量类的样本占多数,对于这种情况,可通过采用加权值的方法来改进。

(2)算法中 k 值的选择对模型本身及其对数据分类的判定结果也会产生很大的影响:在 k 值较小时,机器学习的近似误差会减小,但估计误差会增大,换而言之,k 值的减小意味着整体模型变得复杂,抗干扰能力变差;k 值较大时,近似误差会增大,因为与输入实例较远的(不相似的)训练实例也会对预测产生影响,使预测发生错误。在应用中,不妨通过交叉验证法,权衡取舍,取一个相对较小的数值。

5.2 第 2 阶段:进阶

5.2.1 类脑视觉认知

如前所述,我们可以将 check_face_vertex 函数和 preprocessingFunc 函数看作 RoPS 特征代码库里与类脑视觉认知相关的特征认知函数。其中,check_face_vertex 函数的主要功能是对顶点的认知(可以将定点理解为轮廓或边缘上的一些关键点),MATLAB 核心代码如下:

第 5 章 类脑视觉认知及人脸识别

```
function [vertex,face] = check_face_vertex(vertex,face, options)
vertex = check_size(vertex,2,4);
face = check_size(face,3,4);
%请注意这里用到了 check_size 函数,所以需要嵌套定义如下
%%%%%%%%%%%%%%%%%%%%%%%%%%%%%
function a = check_size(a,vmin,vmax)
if isempty(a)
    return;
end
if size(a,1)>size(a,2)
    a = a';
end
if size(a,1)<3 && size(a,2)==3
    a = a';
end
if size(a,1)<=3 && size(a,2)>=3 && sum(abs(a(:,3)))==0
    % for flat triangles
    a = a';
end
if size(a,1)<vmin || size(a,1)>vmax
    error('face or vertex is not of correct size');
end
```

preprocessingFunc 函数是在 check_face_vertex 基础上做的函数，是在顶点认知的基础上实现进一步认知的算法处理模块，MATLAB 核心代码如下：

```
function out = preprocessingFunc(mesh)
vertex = mesh.vertices;
face = mesh.faces;

[vertex,face] = check_face_vertex(vertex,face);
%我们之前发现 vertex,face 函数中主程序里未用到,并猜测其用在了其他自定义函数中。至此,这个猜测已经得到证实
nface = size(face,2);
```

```
nvert = size(vertex,2);
centroid = zeros(3,nface);
normalf = crossp(vertex(:,face(2,:))-vertex(:,face(1,:)), ...
                 vertex(:,face(3,:))-vertex(:,face(1,:)) );
for i=1:nface
    f = face(:,i);
    area(i,1) = 0.5*norm(normalf(:,i));
    for j=1:3
        centroid(:,i) = centroid(:,i) + vertex(:,f(j));
    end
end
centroid = centroid./3;

edges = compute_edges((mesh.faces)');
%之前我们发现compute_edges函数在主程序中未被用到，猜测其会在其他自定义函数中被用到，至此，这一猜测得到了证实
nedge = length(edges);
for i=1:nedge
    dis(i) = norm(vertex(:,edges(1,i))-vertex(:,edges(2,i)));
end
res = mean(dis);

out.area = area;
out.centroid = centroid';
out.res = res;
%请注意这里用到了crossp函数，所以需要嵌套定义如下

%%%%%%%%%%%%%%%%%%%%%%%%%%%%%%%%%%%%%%%%%%%%%
function z = crossp(x,y)
z = x;
z(1,:) = x(2,:).*y(3,:) - x(3,:).*y(2,:);
z(2,:) = x(3,:).*y(1,:) - x(1,:).*y(3,:);
z(3,:) = x(1,:).*y(2,:) - x(2,:).*y(1,:);
```

5.2.2 类脑特征计算

如前所述,我们可以将 compute_edges 函数、pointCloud2mesh 函数和 RoPSFunc 函数看作 RoPS 特征代码库里与类脑特征计算相关的函数。其中,compute_edges 函数的主要功能是对边缘的计算(也可以理解为对轮廓的计算),MATLAB 核心代码如下:

```
function edges = compute_edges(face)
if isempty(face)
    edges=[];
    return;
end
 [tmp,face] = check_face_vertex([],face);
%再次用到check_face_vertex函数!
if size(face,1)~=3 && size(face,1)~=4
    error('Problem, works for triangles and tets only.');
end

d = size(face,1);

edges = [];
for i=1:d
    sel = [i, mod(i,d)+1];
    edges = [edges, face(sel,:)];
end

%关键点分类
I = find(edges(1,:)>edges(2,:));
J = find(edges(1,:)<=edges(2,:));
edges = [edges(end:-1:1,I), edges(:,J)];

%唯一性处理
m = max(edges(:))+100;
id = edges(1,:) + m*edges(2,:);
[tmp,I] = unique(id);
```

```
edges = edges(:,I);
```

pointCloud2mesh 函数的主要功能是点云到插值的转换，MATLAB 核心代码如下：

```
function mesh = pointCloud2mesh(data, refNormal, stdTol)

warning off MATLAB:divideByZero;
if nargin == 1
    PC = princomp(data);
    data = data*PC;
    refNormal = [0 0 1];
    refNormal = refNormal * PC;
end

if nargin < 3
    stdTol = 0.6;
end

tri = delaunay(data(:,1),data(:,2));
tri(:,4) = 0; % initialize 4th column to store maximum edge length

edgeLength = [sqrt(sum((data(tri(:,1),:) - data(tri(:,2),:)).^2,2)),...
        sqrt(sum((data(tri(:,2),:) - data(tri(:,3),:)).^2,2)),...
        sqrt(sum((data(tri(:,3),:) - data(tri(:,1),:)).^2,2))];

tri(:,4) = max(edgeLength,[],2);

resolution = mean(edgeLength(:));
stdeviation = std(edgeLength(:));
filtLimit = resolution + stdTol*stdeviation;

bigTriangles = find(tri(:,4) > filtLimit); %find index numbers of triagles with edgelength more than filtLimit
    tri(bigTriangles,:) = []; % remove all faces with edgelength more than filtlimit
    tri(:,4) = []; % remove the max edgeLength column
```

```
    edgeLength(bigTriangles,:) = []; % remove edges belonging to faces which are
removed
    edgeLength = edgeLength(:);
    resolution = mean(edgeLength); % find the mean of the remaining edges
    stdeviation = std(edgeLength);

    mesh = [];
    if nargin < 2
        data = data*PC';% multiply the data points by the inverse PC
        refNormal = refNormal * PC';
    end
    mesh.vertices = data;
    mesh.faces = tri;

    mesh.resolution = resolution;
    mesh.stdeviation = stdeviation;

    noOfpolygons = size(tri,1);
    noOfpoints = size(data,1);
    mesh.triangleNormals = zeros(noOfpolygons,3); % innitialize a matrix to store
polygon normals
    mesh.vertexNormals = zeros(noOfpoints,3); % innitialize a matrix to store
point normals
    mesh.vertexNtriangles = cell(noOfpoints, 1); %a cell array to store
neighbouring polygons for the current point
    mesh.triangleNtriangles = cell(noOfpolygons, 1); % to store neighbors of
current polygon

    for ii = 1:noOfpolygons %find normals of all polygons
        %indices of the points from which the polygon is made
        pointIndex1 = mesh.faces(ii,1);
        pointIndex2 = mesh.faces(ii,2);
        pointIndex3 = mesh.faces(ii,3);

        %coordinates of the points
```

```
        point1 = mesh.vertices(pointIndex1,:);
        point2 = mesh.vertices(pointIndex2,:);
        point3 = mesh.vertices(pointIndex3,:);

        vector1 = point2 - point1;
        vector2 = point3 - point2;

        normal = cross(vector1,vector2);
        normal = normal / norm(normal);

        theta = acos(dot(refNormal, normal));
        if theta > pi/2
            normal = normal * (-1);
            a = mesh.faces(ii,2);
            mesh.faces(ii,2) = mesh.faces(ii,1);
            mesh.faces(ii,1) = a;
        end

        mesh.triangleNormals(ii,:)=normal;

        %make entry of this polygon as the neighbouring polygon of the three
        %vertex points
mesh.vertexNtriangles(pointIndex1,1)={[mesh.vertexNtriangles{pointIndex1,1}
ii]};

mesh.vertexNtriangles(pointIndex2,1)={[mesh.vertexNtriangles{pointIndex2,1}
ii]};

mesh.vertexNtriangles(pointIndex3,1)={[mesh.vertexNtriangles{pointIndex3,1}
ii]};
    end
```

```
    for ii = 1:noOfpoints %find normals of all points
        polys = mesh.vertexNtriangles{ii};% get neighboring polygons to this point
        normal2 = zeros(1,3);

        for jj = 1 : size(polys,1)
            normal2 = normal2 + mesh.triangleNormals(polys(jj),:);
        end

        normal2 = normal2 / norm(normal2);
        mesh.vertexNormals(ii,:) = normal2;
    end

    for ii = 1 : noOfpolygons % find neighbouring polygons of all polygons
        polNeighbor = [];
        for jj = 1 : 3
            polNeighbor = [polNeighbor
mesh.vertexNtriangles{mesh.faces(ii,jj)}];
        end
        polNeighbor = unique(polNeighbor);
        polNeighbor = setdiff(polNeighbor, [ii]);
        mesh.triangleNtriangles(ii,1)={[polNeighbor]};
    end
```

RoPSFunc 函数的主要功能是 RoPS 特征的计算，MATLAB 核心代码如下：

```
function RoPSs = RoPSFunc(mesh,neighborSize,binSize, rotaSize, LocalFrames)

keypntIdx = mesh.keypntIdx;
BucketSize = floor(length(mesh.vertices)/100);
kdtreeVertices =
KDTreeSearcher(mesh.vertices,'Distance','euclidean','BucketSize',BucketSize);

interval = pi/2/rotaSize;
for i = 1:length(keypntIdx)
    %obtain the neighboring point of a keypoint
```

```matlab
        keypnt = mesh.vertices(keypntIdx(i),:);
        [neighborIdx2,neighborDis]= rangesearch(kdtreeVertices,keypnt,neighborSize);
        neighborIdx2 = cell2mat(neighborIdx2);
        neighborIdx = neighborIdx2(2:end);
        neighbNum = length(neighborIdx);
        if neighbNum<=1
            RoPSs{i,1} = ones(rotaSize*45,1)/sum(ones(rotaSize*45,1));
            continue;
        end
        
        %transfom the neighboring point to the local reference frame (LRF)
        rotation = LocalFrames{i};
        neighbor = [];
        for j=1:neighbNum
            neighbor(j,:) = (mesh.vertices(neighborIdx(j),:)-mesh.vertices(keypntIdx(i),:))*inv(rotation);
        end
        
        RoPS = [];
        %%%%%%%%%%%%%%%%%%%%%%%%%%%%%%%%%%%%%%%%%%%%%%%%%%%%%%%%%%%%%%%%%%%%%%%%%%%%%%%%%%%%%%%%%%%
        %calculate the sub-feature of the keypoint along the Z axis
        for rotaIdx = 1:rotaSize
            rotaAngle = (rotaIdx-1)*interval + interval/2;
            R = [cos(rotaAngle) sin(rotaAngle) 0; -sin(rotaAngle) cos(rotaAngle) 0; 0 0 1]';
            rotaNeighbor = neighbor*R;
            %projection on the XY plane
            projNeighborXY = [rotaNeighbor(:,1),rotaNeighbor(:,2)];
            histTemp = subRoPSFunc(projNeighborXY,binSize);
```

%之前我们发现主程序里未用到 subRoPSFunc 函数,并猜测其会被其他自定义函数用到。至此,这一猜测得到了证实

```
            RoPS = [RoPS,histTemp];
            %projection on the XZ plane
            projNeighborXZ = [rotaNeighbor(:,1),rotaNeighbor(:,3)];
            histTemp = subRoPSFunc(projNeighborXZ,binSize);
            RoPS = [RoPS,histTemp];
            %projection on the YZ plane
            projNeighborYZ = [rotaNeighbor(:,2),rotaNeighbor(:,3)];
            histTemp = subRoPSFunc(projNeighborYZ,binSize);
            RoPS = [RoPS,histTemp];
        end
        %%%%%%%%%%%%%%%%%%%%%%%%%%%%%%%%%%%%%%%%%%%%%%%%%%%%%%%%%%%%%%%
%%%%%%%%%
        %calculate the sub-feature of the keypoint along the Y axis
        for rotaIdx = 1:rotaSize
            rotaAngle = (rotaIdx-1)*interval + interval/2;
            R = [cos(rotaAngle) 0 sin(rotaAngle); 0 1 0 ;-sin(rotaAngle) 0 cos(rotaAngle)]';
            rotaNeighbor = neighbor*R;
            %projection on the XY plane
            projNeighborXY = [rotaNeighbor(:,1),rotaNeighbor(:,2)];
            histTemp = subRoPSFunc(projNeighborXY,binSize);
            RoPS = [RoPS,histTemp];
            %projection on the XZ plane
            projNeighborXZ = [rotaNeighbor(:,1),rotaNeighbor(:,3)];
            histTemp = subRoPSFunc(projNeighborXZ,binSize);
            RoPS = [RoPS,histTemp];
            %projection on the YZ plane
            projNeighborYZ = [rotaNeighbor(:,2),rotaNeighbor(:,3)];
            histTemp = subRoPSFunc(projNeighborYZ,binSize);
            RoPS = [RoPS,histTemp];
            %%%%%%%%%%%%%%%%%%%%%%%%%%%%%%%%%%%%%%%%%%%%%%%%%%%%%%%%%%%
%%%%%%%%%%
        end
            %%%%%%%%%%%%%%%%%%%%%%%%%%%%%%%%%%%%%%%%%%%%%%%%%%%%%%%%%%%
```

```
%%%%%%%%%%%%
    %calculate the sub-feature of the keypoint along the X axis
    for rotaIdx = 1:rotaSize
        rotaAngle = (rotaIdx-1)*interval + interval/2;
        R = [1,0,0; 0,cos(rotaAngle),sin(rotaAngle); 0, -sin(rotaAngle),cos(rotaAngle)]';
        rotaNeighbor = neighbor*R;
        %projection on the XY plane
        projNeighborXY = [rotaNeighbor(:,1),rotaNeighbor(:,2)];
        histTemp = subRoPSFunc(projNeighborXY,binSize);
        RoPS = [RoPS,histTemp];
        %projection on the XZ plane
        projNeighborXZ = [rotaNeighbor(:,1),rotaNeighbor(:,3)];
        histTemp = subRoPSFunc(projNeighborXZ,binSize);
        RoPS = [RoPS,histTemp];
        %projection on the YZ plane
        projNeighborYZ = [rotaNeighbor(:,2),rotaNeighbor(:,3)];
        histTemp = subRoPSFunc(projNeighborYZ,binSize);
        RoPS = [RoPS,histTemp];
    end
    %%%%%%%%%%%%%%%%%%%%%%%%%%%%%%%%%%%%%%%%%%%%%%%%%%%%%%%%%%%%%%%
    %%%%%%%%%%
    %%%%%%%%%%%%%%%%%%%%%%%%%%%%%%%%%%%%%%%%%%%%%%%%%%%%%%%%%%%%%%
    %%%%%%%%%%
    RoPSs{i,1} = (RoPS)'/sum(RoPS);
End
```

5.2.3 类脑特征学习

如前所述，我们可以将 LRFforMeshFunc 函数、LRFforPntCldFunc 函数、showCorresFunc 函数、subRoPSFunc 函数和 trans2Dto1DFunc 函数看作 RoPS 特征代码库里与类脑特征学习相

关的函数。其中，subRoPSFunc 函数的主要功能是分布规律学习，MATLAB 核心代码如下：

```
 function subRoPS = subRoPSFunc(projNeighbor,binSize)
%get the distribution matrix
neighbNum = length(projNeighbor);
distrMatrix = zeros(binSize,binSize);
minX = min(projNeighbor(:,1));
stepX = (max(projNeighbor(:,1))-minX)/binSize;
minY = min(projNeighbor(:,2));
stepY = (max(projNeighbor(:,2))-minY)/binSize;

if stepX==0 || stepY==0
    subRoPS = [0,0,0,0,0];
    return;
end

for k=1:neighbNum
    idxX = ceil((projNeighbor(k,1) - minX)/stepX);
    idxY = ceil((projNeighbor(k,2) - minY)/stepY);
    if idxX>binSize    idxX = binSize;  end
    if idxX<1          idxX = 1;        end
    if idxY>binSize    idxY = binSize;  end
    if idxY<1          idxY = 1;        end
    distrMatrix(idxX,idxY) = distrMatrix(idxX,idxY)+1;
end
distrMatrix = distrMatrix/neighbNum;%normalization
%calculate the moment of this distribution matrix
meanX = 0;
meanY = 0;
pde = 0;
for idxX = 1:binSize
    for idxY = 1:binSize
        meanX = meanX+idxX*distrMatrix(idxX,idxY);
        meanY = meanY+idxY*distrMatrix(idxX,idxY);
```

```
            if distrMatrix(idxX,idxY)>0
                pde = pde - distrMatrix(idxX,idxY)*log2(distrMatrix(idxX,idxY));
            end
        end
    end
    u11 = 0;
    u21 = 0;
    u12 = 0;
    u22 = 0;

    for idxX = 1:binSize
        for idxY = 1:binSize
            u11 = u11+(idxX-meanX)*(idxY-meanY)*distrMatrix(idxX,idxY);
            u21 = u21+(idxX-meanX)^2*(idxY-meanY)*distrMatrix(idxX,idxY);
            u12 = u12+(idxX-meanX)*(idxY-meanY)^2*distrMatrix(idxX,idxY);
            u22 = u22+(idxX-meanX)^2*(idxY-meanY)^2*distrMatrix(idxX,idxY);
        end
    end
     subRoPS = [u11,u21,u12,u22,pde];
```

LRFforMeshFunc 函数的功能是面向插值的学习,MATLAB 核心代码如下:

```
    function LRFs = LRFforMeshFunc(mesh, keypntIdx, neighborSize)

    BucketSize = floor(length(mesh.vertices)/100);
    kdtreeFaceCenter = 
KDTreeSearcher(mesh.faceCenter,'Distance','euclidean','BucketSize',BucketSize);

    for i = 1:length(keypntIdx)
        %%%%%%%%%%%%%%%%%%%%%%%%%%%%%%%%%%%%%%%%%%%%%%%%%%%%%%%%%%%%%%%%%%%
%%%%%%%%%%%%%%%%%%
        keypnt = mesh.vertices(keypntIdx(i),:);
        [neighborFaceIdx,neighborFaceDis]= 
rangesearch(kdtreeFaceCenter,keypnt,neighborSize);
        neighborFaceIdx = cell2mat(neighborFaceIdx);
```

```
        neighborFaceDis = cell2mat(neighborFaceDis);
        neighborFaceLength = length(neighborFaceIdx);
        Len1 = floor(neighborFaceLength*0.8);
        neighborIdx = [];
        M = zeros(3,3);
        totalArea = 0;
        tiotalDisW = 0;
        for j=1:neighborFaceLength
            vertIdx = mesh.faces(neighborFaceIdx(j),:);
            dis1(j) = norm(keypnt-mesh.vertices(vertIdx(1),:));
            dis2(j) = norm(keypnt-mesh.vertices(vertIdx(2),:));
            dis3(j) = norm(keypnt-mesh.vertices(vertIdx(3),:));
            if dis1(j)<neighborSize && dis2(j)<neighborSize &&
dis3(j)<neighborSize
                neighborIdx = [neighborIdx,vertIdx];
                area(j) = mesh.faceArea(neighborFaceIdx(j));
                totalArea = totalArea+area(j);
                disW(j) = (neighborSize-neighborFaceDis(j))^2;
                tiotalDisW = tiotalDisW+disW(j);
                center_i = zeros(3,3);
                for ii=1:3
                    temp11 = mesh.vertices(vertIdx(ii),:)-keypnt;
                    for jj=1:3
                        center_i =
center_i+temp11'*(mesh.vertices(vertIdx(jj),:)-keypnt);
                    end
                    center_i = center_i+temp11'*temp11;
                    displace(ii,:) = temp11;
                end
                displaceTotal{j} = displace;
                M = M+center_i*area(j)*disW(j);
            end
        end
```

```matlab
        M = M/totalArea/tiotalDisW;
        if isnan(M(1,1)) ==1
            LRFs{i,1} = eye(3,3);
            continue;
        end
        
        [V,D] = eig(M);
        lamda = [D(1,1),D(2,2),D(3,3)];
        [temp, idxMinLam] = min(lamda);
        [temp, idxMaxLam] = max(lamda);
        xtemp = V(:,idxMaxLam);
        ztemp = V(:,idxMinLam);
        xDisplace = 0;
        zDisplace = 0;
        
        %disambiguating the sign of x- y- and z- axis
        for j=1:neighborFaceLength
            if j>=Len1
                rf = dis1(j)<neighborSize && dis2(j)<neighborSize && dis3(j)<neighborSize;
                if rf==0
                    continue;
                end
            end
            displace = displaceTotal{j};
            for ii=1:3
                xDisplace = xDisplace + displace(ii,:)*xtemp*area(j)*disW(j);
                zDisplace = zDisplace + displace(ii,:)*ztemp*area(j)*disW(j);
            end
        end
        if xDisplace>0
            xAxis = xtemp;
        else
            xAxis = -xtemp;
```

```
        end
    if zDisplace>0
        zAxis = ztemp;
    else
        zAxis = -ztemp;
    end
    yAxis = cross(zAxis,xAxis);
    %get the local coordinates of neighboring points
    rotation = [xAxis';yAxis';zAxis'];
    LRFs{i,1} = rotation;
end
```

LRFforPntCldFunc 函数的功能是面向点云数据的学习，MATLAB 核心代码如下：

```
function LFs = LRFforPntCldFunc(mesh, keypntIdx, neighborSize)

BucketSize = floor(length(mesh.vertices)/100);
kdtreeVertices =
KDTreeSearcher(mesh.vertices,'Distance','euclidean','BucketSize',BucketSize);
%%%%%
for i = 1:length(keypntIdx)
    %%%%%%%%%%%%%%%%%%%%%%%%%%%%%%%%%%%%%%%%%%%%%%%%%%%%%%%%%%%%%%%%%%%%%%
%%%%%%%%%%%%%%%%
    keypnt = mesh.vertices(keypntIdx(i),:);
    [neighborIdx,neighborDis]=
rangesearch(kdtreeVertices,keypnt,neighborSize);
    neighborIdx = cell2mat(neighborIdx);
    neighborIdx = neighborIdx(2:end);
    neighborDis = cell2mat(neighborDis);
    neighborDis = neighborDis(2:end);
    %%%%%
    M = zeros(3,3);
    dis = 0;
    for j = 1:length(neighborIdx)
        M =
```

```
M+(mesh.vertices(neighborIdx(j),:)-mesh.vertices(keypntIdx(i),:))'*(mesh.ver
tices(neighborIdx(j),:)-mesh.vertices(keypntIdx(i),:))*(neighborSize-neighbo
rDis(j));
            dis = dis+(neighborSize-neighborDis(j));
        end
        M = M/dis;
        if isnan(M(1,1)) ==1
            LFs{i,1} = eye(3,3);
            continue;
        end
        [V,D] = eig(M);
        lamda = [D(1,1),D(2,2),D(3,3)];
        [temp, idxMinLam] = min(lamda);
        [temp, idxMaxLam] = max(lamda);
        xtemp = V(:,idxMaxLam);
        ztemp = V(:,idxMinLam);
        xPlus = 0;
        xMinus = 0;
        zPlus = 0;
        zMinus = 0;
        for j = 1:length(neighborIdx)
            if (mesh.vertices(neighborIdx(j),:)-mesh.vertices(keypntIdx(i),:))*xtemp>0
                xPlus = xPlus+1;
            else
                xMinus = xMinus+1;
            end
            if (mesh.vertices(neighborIdx(j),:)-mesh.vertices(keypntIdx(i),:))*ztemp>0
                zPlus = zPlus+1;
            else
                zMinus = zMinus+1;
            end
        end
```

```
    if xPlus>xMinus
        xAxis = xtemp;
    else
        xAxis = -xtemp;
    end
    if zPlus>zMinus
        zAxis = ztemp;
    else
        zAxis = -ztemp;
    end
    yAxis = cross(zAxis,xAxis);
    rotation = [xAxis';yAxis';zAxis'];
    LFs{i,1} = rotation;
end
```

showCorresFunc 函数的主要功能是数据关联性学习，MATLAB 核心代码如下：

```
function showCorresFunc(meshX,meshY, corIdx1,corIdx2, offset)
N = length(corIdx1);
cmap = hsv(max(N,1));
meshX.vertices = meshX.vertices - repmat(offset,length(meshX.vertices),1);
figure;
trisurf(meshX.faces,meshX.vertices(:,1),meshX.vertices(:,2),meshX.vertices(:,3)); axis equal; axis image; shading interp; lighting phong; view([0,0]);
camlight left; hold on; colormap([1,1,0]*0.9);
hold on;
trisurf(meshY.faces,meshY.vertices(:,1),meshY.vertices(:,2),meshY.vertices(:,3)); axis equal; axis image; shading interp; lighting phong; view([0,0]);
hold on; colormap([1,1,1]*0.9);
%show correspondence
for m = 1:N
        line([meshX.vertices(corIdx1(m),1),
meshY.vertices(corIdx2(m),1)]',...
            [meshX.vertices(corIdx1(m),2),
```

```
meshY.vertices(corIdx2(m),2)]',...
                [meshX.vertices(corIdx1(m),3),
meshY.vertices(corIdx2(m),3)]','Color',cmap(m,:),'LineWidth',0.5);
    end
    axis image, axis off,
```

trans2Dto1DFunc 函数的主要功能是局部学习，MATLAB 核心代码如下：

```
 function oneDfeature = trans2Dto1DFunc(twoDfeature)
rowSize = size(twoDfeature,1);
oneDfeature = [];
for i=1:rowSize
    oneDfeature = [oneDfeature,twoDfeature(i,:)];
end
```

5.3 第3阶段：实战

本节包括深度学习实战、宽度学习实战和人脸识别实战等三个部分，分别演示深度学习（Deep Learning，DL）、宽度学习（Broad Learning，BL）在二维人脸识别中的效果及 RoPS 特征在三维人脸识别中的效果，分享了笔者在应用阶段对人脸识别算法的设计思想、建模思想及编程技巧等实战方面的一些感触和认识，本阶段目标是用图形方式分别显示基于深度学习、宽度学习及 RoPS 的人脸识别操作用户界面，将人脸识别的经典算法集成到图形用户接口中，生成可自如调试、编辑的图形用户界面（GUI）。

5.3.1 深度学习实战

不同于传统的主成分分析，基于深度学习的人脸识别是通过人脸模型库进行匹配与识别的。因为基于深度学习的人脸模板库构建主要通过以深度学习提取的人脸特征参数进行，深度学习的模型库就是模型训练后的参数库,而在训练后的这个深度学习模型里存储了接受训练的所有人的脸部特征参数,所以,深度学习发布的是人脸模型库而非人脸模板库。

关于深度学习的人脸识别有很多核心代码,我们在这里仅给出其识别部分的核心代码,主要包括用于人脸初始化和卷积神经网络(CNN)工具箱调用的 startup 函数、init_face 函数,以及用于实现人脸识别的 rec_face 函数。

其中 startup 函数的核心代码如下:

```
%清理
clc;
%工具箱的目录
libdir = fullfile(pwd, 'cnn_toolbox');
%添加
addpath(genpath(libdir));
%显示
fprintf('\nset path finish!\n');
```

init_face 函数的核心代码如下:

```
function rect = init_face(Img)
% 颜色模型
hsv = rgb2hsv(Img);
%分离
h = mat2gray(hsv(:,:,1));
s = mat2gray(hsv(:,:,2));
v = mat2gray(hsv(:,:,3));
%人脸特征
bw_h = h > 0 & h < 0.1;
bw_s = s > 0 & s < 0.8;
bw_v = v > 0 & v < 0.8;
%合并
bw = bw_h & bw_s & bw_v;
%填充孔洞
```

```matlab
bw = imfill(bw, 'holes');
%区域标记
[L, ~] = bwlabel(bw);
%区域属性
stats = regionprops(L);
%面积列表
Ar = cat(1, stats.Area);
%最大区域
[~, ind_max_ar] = max(Ar);
%滤波
bw(L ~= ind_max_ar) = 0;
%定位
[r, c] = find(bw);
%矩形区域
rect = [min(c) min(r) max(c)-min(c) max(r)-min(r)];
%兼容处理
rect = [max(rect(1)-5, 1) max(rect(2)-5, 1) ...
    min(rect(3)+25, size(Img, 2)) min(rect(4)+25, size(Img, 1))];
```

rec_face 函数的核心代码如下:

```matlab
function [res, bs] = rec_face(Img, net)
%数据预处理
tmp = single(Img);
%放缩
tmp = imresize(tmp, net.meta.normalization.imageSize(1:2));
%归一化
tmp = bsxfun(@minus,tmp,net.meta.normalization.averageImage);
%CNN 识别
res = vl_simplenn(net, tmp);
%评分
scores = squeeze(gather(res(end).x)) ;
%提取识别结果
```

```
    [bs, ind] = max(scores);
% 最佳匹配结果
res = net.meta.classes.description{ind};
```

因篇幅有限,这里不再展示其他子函数,读者可以查看作者免费分享的深度学习完整代码,这里主要演示了如何使用深度学习现有的模型库实现明星人脸识别,主程序如下:

```
function varargout = MainFrame(varargin)
%开始初始化
gui_Singleton = 1;
gui_State = struct('gui_Name',       mfilename, ...
    'gui_Singleton',  gui_Singleton, ...
    'gui_OpeningFcn', @MainFrame_OpeningFcn, ...
    'gui_OutputFcn',  @MainFrame_OutputFcn, ...
    'gui_LayoutFcn',  [] , ...
    'gui_Callback',   []);
if nargin && ischar(varargin{1})
    gui_State.gui_Callback = str2func(varargin{1});
end

if nargout
    [varargout{1:nargout}] = gui_mainfcn(gui_State, varargin{:});
else
    gui_mainfcn(gui_State, varargin{:});
end
%初始化结束

function MainFrame_OpeningFcn(hObject, eventdata, handles, varargin)
handles.output = hObject;
%初始化
clc;
startup;
InitAxes(handles);
```

```matlab
handles.initstate = 0;
handles.net = 0;

%句柄更新
guidata(hObject, handles);

function varargout = MainFrame_OutputFcn(hObject, eventdata, handles)
varargout{1} = handles.output;

function pushbuttonPlay_Callback(hObject, eventdata, handles)
function pushbuttonOpenVideoFile_Callback(hObject, eventdata, handles)
%选择
dirName = OpenImageFile();
if isequal(dirName, 0)
    %如果选择无效
    return;
end
%读取
img = imread(dirName);
%显示
axes(handles.axesVideo);
imshow(img, []);
handles.img = img;
guidata(hObject, handles);

function pushbuttonImageList_Callback(hObject, eventdata, handles)
if isequal(handles.initstate, 0)
    %如果没有设置
    return;
end
I_rect = imcrop(handles.img, handles.initstate);
axes(handles.axesTarget);
imshow(I_rect, []);
```

%提示

msgbox('成功!', '提示信息');

%回调设置

```
function pushbuttonStopCheck_Callback(hObject, eventdata, handles)
function pushbuttonPause_Callback(hObject, eventdata, handles)
function pushbuttonStop_Callback(hObject, eventdata, handles)
function editFrameNum_Callback(hObject, eventdata, handles)
function editFrameNum_CreateFcn(hObject, eventdata, handles)
if ispc && isequal(get(hObject,'BackgroundColor'), get(0,'defaultUicontrolBackgroundColor'))
    set(hObject,'BackgroundColor','white');
end
```

%宽度设置

```
function editFrameWidth_Callback(hObject, eventdata, handles)
function editFrameWidth_CreateFcn(hObject, eventdata, handles)
if ispc && isequal(get(hObject,'BackgroundColor'), get(0,'defaultUicontrolBackgroundColor'))
    set(hObject,'BackgroundColor','white');
end
```

%高度设置

```
function editFrameHeight_Callback(hObject, eventdata, handles)
function editFrameHeight_CreateFcn(hObject, eventdata, handles)
if ispc && isequal(get(hObject,'BackgroundColor'), get(0,'defaultUicontrolBackgroundColor'))
    set(hObject,'BackgroundColor','white');
end
```

%编辑设置

```
function editFrameRate_Callback(hObject, eventdata, handles)
function editFrameRate_CreateFcn(hObject, eventdata, handles)
if ispc && isequal(get(hObject,'BackgroundColor'), get(0,'defaultUicontrolBackgroundColor'))
```

```
    set(hObject,'BackgroundColor','white');
end

%视频路径操作的设置
function editVideoFilePath_Callback(hObject, eventdata, handles)
function editVideoFilePath_CreateFcn(hObject, eventdata, handles)
if ispc && isequal(get(hObject,'BackgroundColor'), get(0,'defaultUicontrolBackgroundColor'))
    set(hObject,'BackgroundColor','white');
end

%设置获取视频信息的按钮
function pushbuttonGetVideoInfo_Callback(hObject, eventdata, handles)
if handles.img == 0
    %如果没有选择
    msgbox('请载入图片文件!', '提示信息');
    return;
end
%显示
axes(handles.axesVideo);
imshow(handles.img, []);
hold on;
%获取人脸区域
rect = init_face(handles.img);
%显示
rectangle('Position', rect, 'LineWidth', 4, 'EdgeColor', 'r');
hold off;
%提示
msgbox('成功!', '提示信息');
%存储
handles.initstate = rect;
guidata(hObject, handles);
```

```matlab
%时长编辑
function editDuration_Callback(hObject, eventdata, handles)
function editDuration_CreateFcn(hObject, eventdata, handles)
if ispc && isequal(get(hObject,'BackgroundColor'), get(0,'defaultUicontrolBackgroundColor'))
    set(hObject,'BackgroundColor','white');
end
%视频格式编辑
function editVideoFormat_Callback(hObject, eventdata, handles)
function editVideoFormat_CreateFcn(hObject, eventdata, handles)
if ispc && isequal(get(hObject,'BackgroundColor'), get(0,'defaultUicontrolBackgroundColor'))
    set(hObject,'BackgroundColor','white');
end

% 抓图设置
function pushbuttonSnap_Callback(hObject, eventdata, handles)
% 抓图按钮响应函数
SnapImage();

%播放设置
function sliderVideoPlay_Callback(hObject, eventdata, handles)
function sliderVideoPlay_CreateFcn(hObject, eventdata, handles)
if isequal(get(hObject,'BackgroundColor'), get(0,'defaultUicontrolBackgroundColor'))
    set(hObject,'BackgroundColor',[.9 .9 .9]);
end

function editSlider_Callback(hObject, eventdata, handles)
function editSlider_CreateFcn(hObject, eventdata, handles)
if ispc && isequal(get(hObject,'BackgroundColor'), get(0,'defaultUicontrolBackgroundColor'))
    set(hObject,'BackgroundColor','white');
```

```
    end

    function editInfo_Callback(hObject, eventdata, handles)
    function editInfo_CreateFcn(hObject, eventdata, handles)
    if ispc && isequal(get(hObject,'BackgroundColor'),
get(0,'defaultUicontrolBackgroundColor'))
        set(hObject,'BackgroundColor','white');
    end

    function edit11_Callback(hObject, eventdata, handles)
    function edit11_CreateFcn(hObject, eventdata, handles)
    if ispc && isequal(get(hObject,'BackgroundColor'),
get(0,'defaultUicontrolBackgroundColor'))
        set(hObject,'BackgroundColor','white');
    end

    function pushbuttonExit_Callback(hObject, eventdata, handles)
    %退出系统按钮
    choice = questdlg('确定要退出系统?', ...
        '退出', ...
        '确定','取消','取消');
    switch choice
        case '确定'
            close;
        case '取消'
            return;
    end

    function File_Callback(hObject, eventdata, handles)

    %退出设置
    function Exist_Callback(hObject, eventdata, handles)
    %退出菜单
```

```
choice = questdlg('确定要退出系统?', ...
    '退出', ...
    '确定','取消','取消');
switch choice
    case '确定'
        close;
    case '取消'
        return;
end

%补充说明
function About_Callback(hObject, eventdata, handles)
str = '系统V1.0';
msgbox(str, '提示信息');
%宽度设置
function edit_videowidth_Callback(hObject, eventdata, handles)
function edit_videowidth_CreateFcn(hObject, eventdata, handles)
if ispc && isequal(get(hObject,'BackgroundColor'), get(0,'defaultUicontrolBackgroundColor'))
    set(hObject,'BackgroundColor','white');
end


function edit14_Callback(hObject, eventdata, handles)
function edit14_CreateFcn(hObject, eventdata, handles)
if ispc && isequal(get(hObject,'BackgroundColor'), get(0,'defaultUicontrolBackgroundColor'))
    set(hObject,'BackgroundColor','white');
end
%矩形设置
function editRectangle_Callback(hObject, eventdata, handles)
function editRectangle_CreateFcn(hObject, eventdata, handles)
if ispc && isequal(get(hObject,'BackgroundColor'), get(0,'defaultUicontrolBackgroundColor'))
```

```
        set(hObject,'BackgroundColor','white');
end

function figure1_CreateFcn(hObject, eventdata, handles)
function pushbutton15_Callback(hObject, eventdata, handles)
if isequal(handles.initstate, 0)
    %如果没有设置
    return;
end
I_rect = imcrop(handles.img, handles.initstate);
if isequal(handles.net, 0)
    %获取人脸模型库
    net = load('face_db.mat');
    % 存储
    handles.net = net;
    guidata(hObject, handles);
else
    net = handles.net;
end
%获取识别结果
[res, ~] = rec_face(I_rect, net);
%读取标准库
I_res = imread(fullfile(pwd, 'standard_faces', [res '.jpg']));
%显示
axes(handles.axesFace);
imshow(I_res, []);
res_disp = strrep(res, '_', ' ');
set(handles.textRes, 'String', sprintf('%s', res_disp));
%提示
msgbox('成功!', '提示信息');
```

程序运行结果如图 5-2 所示。

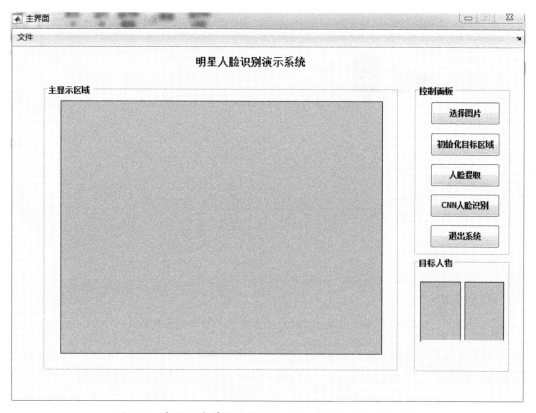

图 5-2　基于深度学习的明星人脸识别演示（系统框架）

可以看到，在这个系统的主界面上包括三个主要模块：主显示界面、控制面板和目标人物（显示及识别）。其中，控制面板有选择图片、初始化目标区域、人脸提取、CNN 人脸识别、退出系统等 6 个按钮。先单击选择图片按钮，界面如图 5-3 所示。

图 5-3 基于深度学习的明星人脸识别演示（选择图片）

因涉及明星肖像权，我们对图 5-3 进行了必要的模糊处理，单击"打开"按钮，结果如图 5-4 所示。

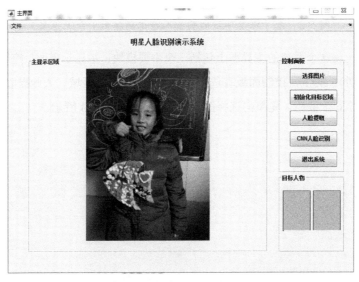

图 5-4 基于深度学习的明星人脸识别演示（打开图片）

第 5 章 类脑视觉认知及人脸识别

图 5-4 选择的是非明星照,以便演示,单击:"初始化目标区域"按钮,结果如图 5-5 所示。

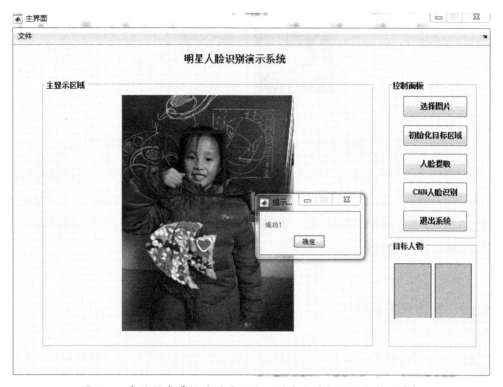

图 5-5 基于深度学习的明星人脸识别演示(初始化目标区域)

可以看到,在完成人脸区域初始化的同时,还出现了提示信息,这是因为我们在 MATLAB 主程序(MainFrame.m)里进行了必要的设置。请注意,这个提示信息必须在单击"确定"按钮之后,才能进行下一个环节的操作。单击"确定"按钮后,继续单击"人脸提取"按钮,仍然会出现同样的成功提示信息,如图 5-6 所示。

图 5-6 基于深度学习的明星人脸识别演示(人脸提取成功提示)

单击"确定"按钮后,可以在目标人物区域看到提取的人脸,结果如图 5-7 所示。

图 5-7　基于深度学习的明星人脸识别演示(提取的人脸)

继续单击"CNN 人脸识别"按钮,如果提取的是明星人脸,就可以进行识别出明星了。这里为了便于演示,没有选择明星照片,读者可以在网络上获取明星的照片,按照上述操作流程进行测试,还可以尝试将自己的一批照片放入明星人脸库。这涉及模型参数计算,会比较复杂,感兴趣的读者请加作者答疑微信,一起探讨。

5.3.2　宽度学习实战

宽度学习(Broad Learning)是我国科学家在 2017 年创立的算法,尝试从不同于 Deep Learning 的另一个角度,继续推进机器学习的发展!毋庸置疑,这一创新性的算法在工程实践中也有着极高的探索价值!与深度学习相比,宽度学习的最大优势在于:其处理速度要比深度学习快 1000~2000 倍,还可以随时进行增量学习,用于函数逼近都没有问题,而且准确率也得到了保证,又快又准[29-34]。与深度学习类似的是,宽度学习在做人脸识别时,其模板库也是模型参数,因此可以预见,假如将来宽度学习被广泛用于人脸识别,则其发布的也必然是模型库。

我们已经在 AR 人脸库上测试了宽度学习算法在人脸识别应用中的效果。这个人脸库共有 1400 张图像,有不同的表情和光照,其中有 700 张用于训练,另外 700 张用于测试。在算法没有做任何优化的情况下,一分钟左右运行即可完成,执行速度远远超过目前最新的高精度人脸重构算法,包括基于宽度学习的表情变化重构识别、基于 BL 的去噪重构识别等,并且训练精度可以达到 100%。但测试精度目前只有 71%，由此可见，宽度学习的主要优势在于速度。AR 毕竟是特殊库，所以测试精度并不具有代表性。将宽度学习与稀疏表示结合，应该可以改善在 AR 库上的测试精度，有兴趣的读者不妨试一试。

宽度学习算法思想的核心与深度学习类似，作为浅层网络，其速度的提升方式主要是增量学习，这类似于函数逼近论的思想！通俗一点的解释是：如果隐含层神经元不够用，就增加一个，直到正确率满足精度要求为止。其实宽度学习这种节节逼近的算法思想早就存在，同样，深度学习的很多思想也早就存在，真正的高端算法往往都是化腐朽为神奇的。不同的是，深度学习是层层深入的，而宽度学习是节节逼近的，所以宽度学习避免了过度学习，其速度可以达到深度学习的 100~1000 倍。当然，宽度学习人脸识别的精度和速度应该不可能都超过深度学习，只要能实现精度尽可能接近深度学习，就可以考虑在工程实践中与深度学习并列了。由此可见，深度学习与宽度学习均有其存在价值和发展前景！

陈俊龙老师已经发布了宽度学习算法的开源代码，参见 http://www.broadlearning.ai/，感兴趣的读者可以下载其代码、论文，也可与陈老师联系和交流。我们在这里将宽度学习算法应用于人脸识别，并封装成 GUI，该主程序的核心代码如下：

```
function varargout = main(varargin)
%MAIN MATLAB code for main.fig
%      MAIN, by itself, creates a new MAIN or raises the existing
%      singleton*.
%
%      H = MAIN returns the handle to a new MAIN or the handle to
%      the existing singleton*.
%
%      MAIN('CALLBACK',hObject,eventData,handles,...) calls the local
%      function named CALLBACK in MAIN.M with the given input arguments.
%
%      MAIN('Property','Value',...) creates a new MAIN or raises the
%      existing singleton*.  Starting from the left, property value pairs are
```

```
%           applied to the GUI before main_OpeningFcn gets called. An
%           unrecognized property name or invalid value makes property application
%           stop. All inputs are passed to main_OpeningFcn via varargin.
%
%           *See GUI Options on GUIDE's Tools menu. Choose "GUI allows only one
%           instance to run (singleton)".
%
%See also: GUIDE, GUIDATA, GUIHANDLES

%Edit the above text to modify the response to help main

%Last Modified by GUIDE v2.5 08-Jan-2018 11:16:47

%Begin initialization code - DO NOT EDIT
gui_Singleton = 1;
gui_State = struct('gui_Name',       mfilename, ...
                   'gui_Singleton',  gui_Singleton, ...
                   'gui_OpeningFcn', @main_OpeningFcn, ...
                   'gui_OutputFcn',  @main_OutputFcn, ...
                   'gui_LayoutFcn',  [] , ...
                   'gui_Callback',   []);
if nargin && ischar(varargin{1})
    gui_State.gui_Callback = str2func(varargin{1});
end

if nargout
    [varargout{1:nargout}] = gui_mainfcn(gui_State, varargin{:});
Else
    gui_mainfcn(gui_State, varargin{:});
end
%End initialization code - DO NOT EDIT

%--- Executes just before main is made visible.
```

```
function main_OpeningFcn(hObject, eventdata, handles, varargin)
%This function has no output args, see OutputFcn.
%hObject    handle to figure
%eventdata  reserved - to be defined in a future version of MATLAB
%handles    structure with handles and user data (see GUIDATA)
%varargin   command line arguments to main (see VARARGIN)

%Choose default command line output for main
handles.output = hObject;

if ~exist('names.mat', 'file')
    preprocess;
end

if ~exist('BLS_model.mat', 'file')
    BLS_demo_for_lower_memory;
end

handles.names=load('names.mat');
handles.BLS_model=load('BLS_model.mat');
handles.InputImage=[];

axes(handles.axes1);cla;axis off;

% Update handles structure
guidata(hObject, handles);

%This sets up the initial plot - only do when we are invisible
%so window can get raised using main.
if strcmp(get(hObject,'Visible'),'off')
    plot(rand(5));
end

%UIWAIT makes main wait for user response (see UIRESUME)
```

```matlab
%uiwait(handles.figure1);

%--- Outputs from this function are returned to the command line.
function varargout = main_OutputFcn(hObject, eventdata, handles)
%varargout  cell array for returning output args (see VARARGOUT);
%hObject    handle to figure
%eventdata  reserved - to be defined in a future version of MATLAB
%handles    structure with handles and user data (see GUIDATA)

%Get default command line output from handles structure
varargout{1} = handles.output;
%--- Executes on button press in pushbutton1.
function pushbutton1_Callback(hObject, eventdata, handles)
%hObject    handle to pushbutton1 (see GCBO)
%eventdata  reserved - to be defined in a future version of MATLAB
%handles    structure with handles and user data (see GUIDATA)
[baseName, folder] = uigetfile('*.jpg');
if ~isequal(baseName, 0)
    fullFileName = fullfile(folder, baseName);
    handles.InputImage = imread(fullFileName);
    axes(handles.axes1);
    imshow(handles.InputImage);
    guidata(hObject, handles);
end

%-----------------------------------------------------------------
function FileMenu_Callback(hObject, eventdata, handles)
%hObject    handle to FileMenu (see GCBO)
%eventdata  reserved - to be defined in a future version of MATLAB
%handles    structure with handles and user data (see GUIDATA)
%-----------------------------------------------------------------
function OpenMenuItem_Callback(hObject, eventdata, handles)
```

```matlab
%hObject    handle to OpenMenuItem (see GCBO)
%eventdata  reserved - to be defined in a future version of MATLAB
%handles    structure with handles and user data (see GUIDATA)
file = uigetfile('*.fig');
if ~isequal(file, 0)
    open(file);
end


%--------------------------------------------------------------------
function PrintMenuItem_Callback(hObject, eventdata, handles)
%hObject    handle to PrintMenuItem (see GCBO)
%eventdata  reserved - to be defined in a future version of MATLAB
%handles    structure with handles and user data (see GUIDATA)
printdlg(handles.figure1)


%--------------------------------------------------------------------
function CloseMenuItem_Callback(hObject, eventdata, handles)
%hObject    handle to CloseMenuItem (see GCBO)
%eventdata  reserved - to be defined in a future version of MATLAB
%handles    structure with handles and user data (see GUIDATA)
selection = questdlg(['Close ' get(handles.figure1,'Name') '?'],...
                     ['Close ' get(handles.figure1,'Name') '...'],...
                     'Yes','No','Yes');
if strcmp(selection,'No')
    return;
end

delete(handles.figure1)

%--- Executes on selection change in popupmenu1.
function popupmenu1_Callback(hObject, eventdata, handles)
%hObject    handle to popupmenu1 (see GCBO)
%eventdata  reserved - to be defined in a future version of MATLAB
```

```
    %handles    structure with handles and user data (see GUIDATA)

    %Hints: contents = get(hObject,'String') returns popupmenu1 contents as cell
array
    %        contents{get(hObject,'Value')} returns selected item from popupmenu1

    %--- Executes during object creation, after setting all properties.
    function popupmenu1_CreateFcn(hObject, eventdata, handles)
    %hObject    handle to popupmenu1 (see GCBO)
    %eventdata  reserved - to be defined in a future version of MATLAB
    %handles    empty - handles not created until after all CreateFcns called

    %Hint: popupmenu controls usually have a white background on Windows.
    %      See ISPC and COMPUTER.
    if ispc && isequal(get(hObject,'BackgroundColor'), get(0,'defaultUicontrolBackgroundColor'))
        set(hObject,'BackgroundColor','white');
    end

    set(hObject, 'String', {'plot(rand(5))', 'plot(sin(1:0.01:25))', 'bar(1:.5:10)', 'plot(membrane)', 'surf(peaks)'});

    %--- Executes on button press in pushbutton2.
    function pushbutton2_Callback(hObject, eventdata, handles)
    %hObject    handle to pushbutton2 (see GCBO)
    %eventdata  reserved - to be defined in a future version of MATLAB
    %handles    structure with handles and user data (see GUIDATA)
    [name] = GUITesting(handles.InputImage,handles.BLS_model,handles.names);
    axes(handles.axes1);title(name,'fontsize',14,'color','m');
```

请将这个主程序的代码名称存为 main.m，宽度学习人脸识别的代码截图如图 5-8 所示。

第 5 章 类脑视觉认知及人脸识别

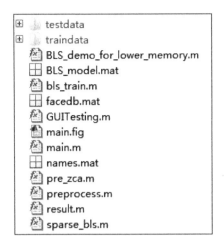

图 5-8 宽度学习人脸识别的代码截图

在 main.m 运行后，会弹出操作界面，如图 5-9 所示。

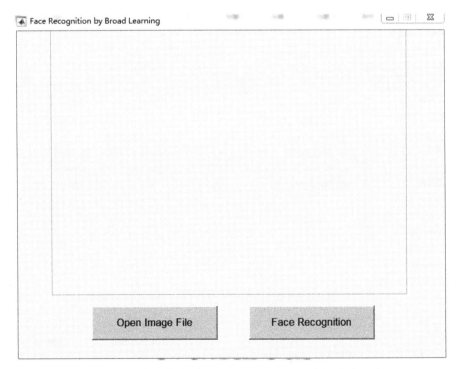

图 5-9 基于宽度学习的三维人脸识别（操作界面）

单击"Open Image File",可以选择需要识别的人脸图片,如图 5-10 所示。

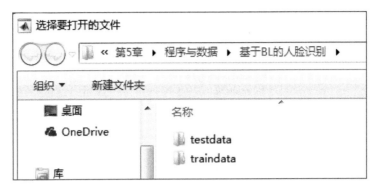

图 5-10　选择需要识别的人脸图片

单击 testdata 文件夹,可以看到实验数据被分类存放,分别代表 5 个明星,如图 5-11 所示。

图 5-11　操作演示:实验数据所在的文件夹

第 5 章 类脑视觉认知及人脸识别

单击感兴趣的明星照片，可以选择实验照片，如图 5-12 所示。

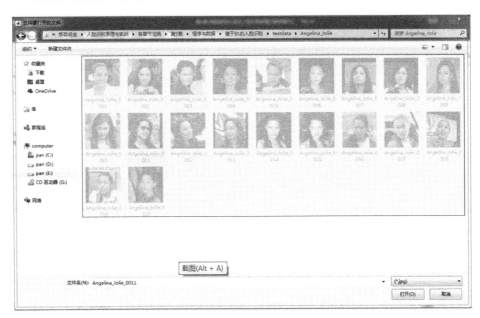

图 5-12 操作演示：如何选择实验数据

注意，因实验结果涉及明星肖像权，所以图 5-9 采用了模糊处理。读者可运行笔者修改后分享的免费开源代码，也可以尝试将自己的一批照片放入 traindata、testdata，试着实现对自己的脸的识别。宽度学习模型库的添加过程也是比较复杂的，欢迎读者与笔者在线交流。

5.3.3 人脸识别实战

在本章的最后，我们将尝试基于 RoPS 特征的三维人脸识别。首先，这里不仅展示特征提取主程序 demo_RoPS_Extraction_Mesh.m、demo_RoPS_Extraction_Pointcloud.m）和特征匹配主程序 demo_RoPS_FeatureMatching_Mesh.m，还会展示用于三维人脸识别的主程序 demo_3D_Face_Matching.m，其中，特征提取主程序 demo_RoPS_Extraction_Mesh.m 的 MATLAB 核心代码如下：

```
close all;
clc;
clear all;

load data\pointcloud_view1;

% %============================transform a pointcloud into a triangular mesh===========================%
mesh = pointCloud2mesh(pointcloud,[0 0 1],0.4);                            %other methods can also be used to perform triangulation

%============================preprocessing===========================%
out = preprocessingFunc(mesh);
mesh.faceCenter = out.centroid;
mesh.faceArea = out.area;
mesh.res = out.res ;

%============================detect keypoints===========================%
%keypoints are randomly seleted in this demo, any other 3D keypoint detection methods can be used
keypntNum = 100;
temp = randperm(length(mesh.vertices));
mesh.keypntIdx = temp(1:keypntNum);
%============================show the mesh and its keypoints===========================%
meshX = mesh;
angle = 0;%-90;
R = [1,0,0; 0,cos(angle*pi/180),sin(angle*pi/180); 0, -sin(angle*pi/180), cos(angle*pi/180)]';
meshX.vertices = mesh.vertices*R;
figure;
trisurf(meshX.faces,meshX.vertices(:,1),meshX.vertices(:,2),meshX.vertices(:,3)); axis equal;
```

```
    axis image; shading interp;lighting phong; view([0,0]); hold on;
colormap([1,1,1]*0.9);camlight right;hold on;axis off;
    plot3(meshX.vertices(mesh.keypntIdx,1),meshX.vertices(mesh.keypntIdx,2),meshX.vertices(mesh.keypntIdx,3),'r.');

    %============================extract RoPS features at the keypoints on a mesh============================%
    para.RoPS_nbSize = 15*mesh.res;
    para.RoPS_binSize = 5;
    para.RoPS_rotaSize = 3;
    mesh.LRF = LRFforMeshFunc(mesh, mesh.keypntIdx, para.RoPS_nbSize);
    disp('LRFs calculated');
    RoPS = RoPSFunc(mesh, para.RoPS_nbSize, para.RoPS_binSize, para.RoPS_rotaSize,mesh.LRF);
    mesh.RoPS = RoPS;
    disp(['RoPS features generated']);

    %============================links============================%
    %we may find more test datasets via the following links
    url = 'https://sites.google.com/site/yulanguo66/research-resources/3d-object-recognition-datasets';
    web(url,'-browser')
```

特征提取主程序 demo_RoPS_Extraction_Pointcloud.m 的 MATLAB 核心代码如下：

```
    close all;
    clc;
    clear all;

    load data\pointcloud_view1;

    %============================detect keypoints============================%
```

```matlab
    %keypoints are randomly seleted in this demo, any other 3D keypoint detection methods can be used
    pointcloud.vertices = pointcloud;
    keypntNum = 100;
    temp = randperm(length(pointcloud.vertices));
    pointcloud.keypntIdx = temp(1:keypntNum);

    %=============================preprocessing=============================%
    kdtreeVertices = KDTreeSearcher(pointcloud.vertices,'Distance','euclidean');
    [idx,dist] = knnsearch(kdtreeVertices, pointcloud.vertices,'k',2,'Distance','euclidean');
    pointcloud.res = mean(dist(:,2));

    %=============================show the pointcloud and its keypoints=============================%
    pointcloudX = pointcloud;
    angle = 0;%-90;
    R = [1,0,0; 0,cos(angle*pi/180),sin(angle*pi/180); 0, -sin(angle*pi/180), cos(angle*pi/180)]';  %for illustration
    pointcloudX.vertices = pointcloud.vertices*R;
    figure;
plot3(pointcloudX.vertices(:,1),pointcloudX.vertices(:,2),pointcloudX.vertices(:,3), 'b.'); hold on;
    plot3(pointcloudX.vertices(pointcloudX.keypntIdx,1),pointcloudX.vertices(pointcloudX.keypntIdx,2),pointcloudX.vertices(pointcloudX.keypntIdx,3),'r.','MarkerSize', 20);  axis equal;

    %=============================extract RoPS features at the keypoints on a point-cloud=============================%
    para.RoPS_nbSize = 15*pointcloud.res;
    para.RoPS_binSize = 5;
    para.RoPS_rotaSize = 3;
    pointcloud.LRF = LRFforPntCldFunc(pointcloud, pointcloud.keypntIdx,
```

```
para.RoPS_nbSize);
    disp('LRF calculation finished');
    RoPS = RoPSFunc(pointcloud, para.RoPS_nbSize, para.RoPS_binSize,
para.RoPS_rotaSize,pointcloud.LRF);
    pointcloud.RoPS = RoPS;
    disp(['RoPS feature generated']);

    %============================links============================%
    %we may find more test datasets via the following links
    url =
'https://sites.google.com/site/yulanguo66/research-resources/3d-object-recog
nition-datasets';
    web(url,'-browser')
```

特征匹配主程序 demo_RoPS_FeatureMatching_Mesh.m 的 MATLAB 核心代码如下：

```
    close all;
    clc;
    clear all;

    keypntNum = 1000;

    %%%%%%%%%%%%%%%%%%%%%%%%%%%%%%%%%%%%%%%%%%%%%%%%%%%%%%%%%%%%%%%%%%%%%%%%
%%%%%%%
    load data\pointcloud_view1;
    % %============================transform a pointcloud into a triangular
mesh===========================%
    mesh = pointCloud2mesh(pointcloud,[0 0
1],0.4);                                    %other methods can also be used to
perform triangulation
    %============================preprocessing============================%
    out = preprocessingFunc(mesh);
    mesh.faceCenter = out.centroid;
    mesh.faceArea = out.area;
    mesh.res = out.res ;
```

```matlab
    %============================detect keypoints===========================%
    %keypoints are randomly seleted in this demo, any other 3D keypoint detection methods can be used
    keypntNum = 1000;
    temp = randperm(length(mesh.vertices));
    mesh.keypntIdx = temp(1:keypntNum);
    %============================extract RoPS features at the keypoints on a mesh=======================%
    para.RoPS_nbSize = 15*mesh.res;
    para.RoPS_binSize = 5;
    para.RoPS_rotaSize = 3;
    mesh.LRF = LRFforMeshFunc(mesh, mesh.keypntIdx, para.RoPS_nbSize);
    disp('LRFs calculated');
    RoPS = RoPSFunc(mesh, para.RoPS_nbSize, para.RoPS_binSize, para.RoPS_rotaSize,mesh.LRF);
    mesh.RoPS = RoPS;
    disp(['RoPS features generated']);
    mesh1 = mesh;
    mesh1Features = [];
    for keypntIdx = 1:keypntNum
        temp = trans2Dto1DFunc(mesh.RoPS{keypntIdx});
        mesh1Features = [mesh1Features; temp];
    end

    %%%%%%%%%%%%%%%%%%%%%%%%%%%%%%%%%%%%%%%%%%%%%%%%%%%%%%%%%%%%%%%%%%
    load data\pointcloud_view2;
    % %============================transform a pointcloud into a triangular mesh=========================%
    mesh = pointCloud2mesh(pointcloud,[0 0 1],0.4);                    %other methods can also be used to perform triangulation
    %============================preprocessing===========================%
```

```
    out = preprocessingFunc(mesh);
    mesh.faceCenter = out.centroid;
    mesh.faceArea = out.area;
    mesh.res = out.res ;
    %============================detect keypoints============================%
    %keypoints are randomly seleted in this demo, any other 3D keypoint detection methods can be used
    keypntNum = 1000;
    temp = randperm(length(mesh.vertices));
    mesh.keypntIdx = temp(1:keypntNum);
    %============================extract RoPS features at the keypoints on a mesh============================%
    para.RoPS_nbSize = 15*mesh.res;
    para.RoPS_binSize = 5;
    para.RoPS_rotaSize = 3;
    mesh.LRF = LRFforMeshFunc(mesh, mesh.keypntIdx, para.RoPS_nbSize);
    disp('LRFs calculated');
    RoPS = RoPSFunc(mesh, para.RoPS_nbSize, para.RoPS_binSize, para.RoPS_rotaSize,mesh.LRF);
    mesh.RoPS = RoPS;
    disp(['RoPS features generated']);
    mesh2 = mesh;
    mesh2Features = [];
    for keypntIdx = 1:keypntNum
        temp = trans2Dto1DFunc(mesh.RoPS{keypntIdx});
        mesh2Features = [mesh2Features; temp];
    end
    %%%%%%%%%%%%%%%%%%%%%%%%%%%%%%%%%%%%%%%%%%%%%%%%%%%%%%%%%%%%%%
    % %============================feature matching============================%
    NNDRthreshold = 0.9;
    corNum = 0;
```

```
    kdtreeMesh1Features =
KDTreeSearcher(mesh1Features,'Distance','euclidean');
    for keypntIdx1 = 1:size(mesh2Features,1)
        [idxSort,distSort] = knnsearch(kdtreeMesh1Features,
mesh2Features(keypntIdx1,:),'k',2,'Distance','euclidean');
        IDX = idxSort(1);
        if distSort(1)/distSort(2)<=NNDRthreshold
            corNum = corNum+1;
            corPntIdx(corNum,:) = [IDX, keypntIdx1];
            featureDis(corNum) = distSort(1);
        end
    end
    showCorresFunc(mesh1, mesh2, mesh1.keypntIdx(corPntIdx(:,1)),
mesh2.keypntIdx(corPntIdx(:,2)), [0,200,0]);

    %===========================links===========================%
    %we may find more test datasets via the following links
    url =
'https://sites.google.com/site/yulanguo66/research-resources/3d-object-recog
nition-datasets';
    web(url,'-browser')
```

用于三维人脸识别的主程序 demo_3D_Face_Matching.m 的 MATLAB 核心代码如下：

```
    %声明：以下代码暂未开源，侵权必究！
    %demo_3D_Face_Matching.m
    %Author: Yulan Guo {yulan.guo@nudt.edu.cn}
    %NUDT, China & CSSE, UWA, Australia
    %This function performs feature matching on two 3D faces to obtain feature
correspondences
    %Homepage of YULAN GUO: http://yulanguo.me/
    close all;
    clc;
    clear all;
```

```
    keypntNum = 1000;

    %%%%%%%%%%%%%%%%%%%%%%%%%%%%%%%%%%%%%%%%%%%%%%%%%%%%%%%%%%%%%%%%%%%%%%%%
%%%%%%%
    % %===========================load a 3D face===========================%
    [mesh.vertices, mesh.faces]   = read_mesh('Data\02463d452.ply');
    %==============================preprocessing===========================%
    out = preprocessingFunc(mesh);
    mesh.faceCenter = out.centroid;
    mesh.faceArea = out.area;
    mesh.res = out.res ;
    %=============================detect keypoints============================%
    %keypoints are randomly seleted in this demo, any 3D keypoint detection method can be used
    keypntNum = 100;
    temp = randperm(length(mesh.vertices));
    mesh.keypntIdx = temp(1:keypntNum);
    %=============================extract RoPS features at the keypoints on a mesh============================%
    para.RoPS_nbSize = 15*mesh.res;
    para.RoPS_binSize = 5;
    para.RoPS_rotaSize = 3;
    mesh.LRF =  LRFforMeshFunc(mesh, mesh.keypntIdx, para.RoPS_nbSize);
    disp('LRFs calculated');
    RoPS = RoPSFunc(mesh, para.RoPS_nbSize, para.RoPS_binSize, para.RoPS_rotaSize,mesh.LRF);
    mesh.RoPS = RoPS;
    disp(['RoPS features generated']);
    mesh1 = mesh;
    mesh1Features = [];
    for keypntIdx = 1:keypntNum
        temp = trans2Dto1DFunc(mesh.RoPS{keypntIdx});
```

```matlab
        mesh1Features = [mesh1Features; temp];
    end
    %%%%%%%%%%%%%%%%%%%%%%%%%%%%%%%%%%%%%%%%%%%%%%%%%%%%%%%%%%%%%%%%%%%%%%%%%
    % %===========================load a 3D face===========================%
    [mesh.vertices, mesh.faces]  = read_mesh('Data\02463d464.ply');
    %============================preprocessing============================%
    out = preprocessingFunc(mesh);
    mesh.faceCenter = out.centroid;
    mesh.faceArea = out.area;
    mesh.res = out.res ;
    %============================detect keypoints============================%
    %keypoints are randomly seleted in this demo, any 3D keypoint detection method can be used
    keypntNum = 100;
    temp = randperm(length(mesh.vertices));
    mesh.keypntIdx = temp(1:keypntNum);
    %============================extract RoPS features at the keypoints on a mesh============================%
    para.RoPS_nbSize = 15*mesh.res;
    para.RoPS_binSize = 5;
    para.RoPS_rotaSize = 3;
    mesh.LRF = LRFforMeshFunc(mesh, mesh.keypntIdx, para.RoPS_nbSize);
    disp('LRFs calculated');
    RoPS = RoPSFunc(mesh, para.RoPS_nbSize, para.RoPS_binSize, para.RoPS_rotaSize,mesh.LRF);
    mesh.RoPS = RoPS;
    disp(['RoPS features generated']);
    mesh2 = mesh;
    mesh2Features = [];
    for keypntIdx = 1:keypntNum
        temp = trans2Dto1DFunc(mesh.RoPS{keypntIdx});
        mesh2Features = [mesh2Features; temp];
```

```
    end
    %%%%%%%%%%%%%%%%%%%%%%%%%%%%%%%%%%%%%%%%%%%%%%%%%%%%%%%%%%%%%%%
%%%%%%%
    % %==========================feature matching==========================%
    NNDRthreshold = 0.9;
    corNum = 0;
    kdtreeMesh1Features = KDTreeSearcher(mesh1Features,'Distance','euclidean');
    for keypntIdx1 = 1:size(mesh2Features,1)
        [idxSort,distSort] = knnsearch(kdtreeMesh1Features, mesh2Features(keypntIdx1,:),'k',2,'Distance','euclidean');
        IDX = idxSort(1);
        if distSort(1)/distSort(2)<=NNDRthreshold
            corNum = corNum+1;
            corPntIdx(corNum,:) = [IDX, keypntIdx1];
            featureDis(corNum) = distSort(1);
        end
    end

    rollAngle = -90;
    R = [1,0,0; 0,cos(rollAngle*pi/180),sin(rollAngle*pi/180); 0,-sin(rollAngle*pi/180), cos(rollAngle*pi/180)]';
    mesh1.vertices = mesh1.vertices*R;
    mesh2.vertices = mesh2.vertices*R;

    showCorresFunc(mesh1, mesh2, mesh1.keypntIdx(corPntIdx(:,1)), mesh2.keypntIdx(corPntIdx(:,2)), [200,0,0]);
```

程序运行结果如图 5-2 所示。

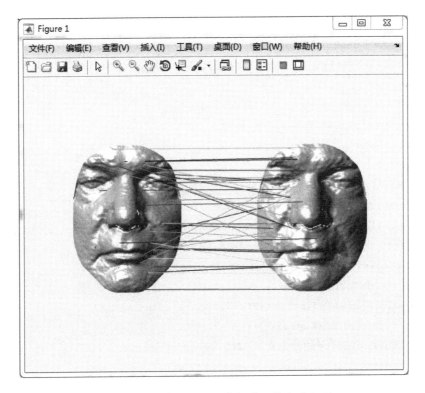

图 5-2 基于 RoPS 特征的三维人脸识别

参考文献

[1] Kumar M, Bhatnagar C. Crowd Behavior Recognition Using Hybrid Tracking Model and Genetic algorithm Enabled Neural Network[J]. International Journal of Computational Intelligence Systems, 2017, 10(1):234-246.

[2] Devanne M, Berretti S, Pala P, et al. Motion segment decomposition of RGB-D sequences for human behavior understanding[J]. Pattern Recognition, 2017, 61:222-233.

[3] Wang Y, Chen H, Li S, et al. Object tracking by color distribution fields with adaptive hierarchical structure[J]. Visual Computer, 2017, 33(2):1-13.

[4] Chen Y, Shen C. Performance Analysis of Smartphone-Sensor Behavior for Human Activity Recognition[J]. IEEE Access, 2017, 5(99): 3095-3110.

[5] Batchuluun G, Kim J H, Hong H G, et al. Fuzzy System based Human Behavior Recognition by Combining Behavior Prediction and Recognition[J]. Expert Systems with Applications, 2017, 81(C): 108-133.

[6] Van V K, Washington G. Development of a Wearable Controller for Gesture-Recognition-Based Applications Using Polyvinylidene Fluoride[J]. IEEE Transactions on Biomedical Circuits & Systems, 2017, 11(4):900-909.

[7] Arablouei R. Fast reconstruction algorithm for perturbed compressive sensing based on total least-squares and proximal splitting[J]. Signal Processing, 2017, 130:57-63.

[8] Ding X, Chen W, Wassell I J. Compressive Sensing Reconstruction for Video: An Adaptive Approach Based on Motion Estimation[J]. IEEE Transactions on Circuits & Systems for Video Technology, 2017, 27(7):1406-1420.

[9] Laue H E A. Demystifying Compressive Sensing [J]. IEEE Signal Processing Magazine, 2017, 34(4): 171-176.

[10] Liu T, Qiu T, Dai R, et al. Nonlinear regression A*OMP for compressive sensing signal reconstruction[J]. Digital Signal Processing, 2017, 69:11-21.

[11] Jiang H, Deng W, Shen Z. Surveillance Video Processing Using Compressive Sensing[J].

Inverse Problems & Imaging, 2017, 6(2):201-214.

[12] Kitamura T, Izumi K, Nakajima K, et al. Microlensed image centroid motions by an exotic lens object with negative convergence or negative mass[J]. Physical Review D, 2014, 89(8):1-2.

[13] Hegde C, Indyk P, Schmidt L. Approximation Algorithms for Model-Based Compressive Sensing [J]. IEEE Transactions on Information Theory, 2015, 61(9):5129-5147.

[14] Minghu W U, Zhu X. Distributed Video Compressive Sensing Reconstruction by Adaptive PCA Sparse Basis and Nonlocal Similarity[J]. Ksii Transactions on Internet & Information Systems, 2014, 8(8):2851-2865.

[15] Gu Y, Goodman N A. Information-Theoretic Compressive Sensing Kernel Optimization and Bayesian Cramér–Rao Bound for Time Delay Estimation[J]. IEEE Transactions on Signal Processing, 2017, 65(17):4525-4537.

[16] Yang M, Zhang L, Yang J, et al. Robust sparse coding for face recognition[C], International Conference on Computer Vision and Pattern Recognition, IEEE, 2011:625-632.

[17] Yang M, Zhang L, Feng X, et al. Fisher Discrimination Dictionary Learning for sparse representation[J]. Proceedings, 2011, 24(4):543-550.

[18] Zhang S, Yao H, Sun X, et al. Sparse coding based visual tracking: Review and experimental comparison[J]. Pattern Recognition, 2013, 46(7):1772-1788.

[19] Yang M, Zhang L, Yang J, et al. Regularized Robust Coding for Face Recognition[J]. IEEE Transactions on Image Processing, 2013, 22(5):1753-1766.

[20] Yang M, Song T, Liu F, et al. Structured Regularized Robust Coding for Face Recognition[J]. IEEE Transactions on Image Processing, 2013, 22(5):1753-1766.

[21] Gao S, Tsang I W, Chia L T. Sparse representation with kernels.[J]. IEEE Transactions on Image Processing A Publication of the IEEE Signal Processing Society, 2013, 22(2):423-34.

[22] Chen C F, Wei C P, Wang Y C F. Low-rank matrix recovery with structural incoherence for robust face recognition[C]// Computer Vision and Pattern Recognition. IEEE, 2012:2618-2625.

[23] Yang M, Zhang L, Shiu C K, et al. Monogenic Binary Coding: An Efficient Local Feature

Extraction Approach to Face Recognition[J]. IEEE Transactions on Information Forensics & Security, 2012, 7(6):1738-1751.

[24] Li X X, Dai D Q, Zhang X F, et al. Structured Sparse Error Coding for Face Recognition With Occlusion[J]. IEEE Transactions on Image Processing A Publication of the IEEE Signal Processing Society, 2013, 22(5):1889-1900.

[25] Ou W, You X, Tao D, et al. Robust face recognition via occlusion dictionary learning[J]. Pattern Recognition, 2014, 47(4):1559-1572.

[26] Tang X, Feng G, Cai J. Weighted group sparse representation for undersampled face recognition [J]. Neurocomputing, 2014, 145(18):402-415.

[27] Wei C P, Chen C F, Wang Y C. Robust face recognition with structurally incoherent low-rank matrix decomposition[J]. IEEE Trans Image Process, 2014, 23(8):3294-3307.

[28] Lu C Y, Huang D S. A new decision rule for sparse representation based classification for face recognition[J]. Neurocomputing, 2013, 116(10):265-271.

[29] Chen C L P, Liu Z. Broad learning system: A new learning paradigm and system without going deep[C].Automation. IEEE, 2017:1271-1276.

[30] Wang L, Orchard J, Wang L, et al. Investigating the Evolution of a Neuroplasticity Network for Learning[J]. IEEE Transactions on Systems Man & Cybernetics Systems, 2017:1-13.

[31] Chen C, Liu Z. Broad Learning System: An Effective and Efficient Incremental Learning System Without the Need for Deep Architecture[J]. IEEE Transactions on Neural Networks & Learning Systems, to be published,doi: 10.1109/TNNLS.2017.2716952.

[32] Chen C L P, Zhang C Y, Chen L, et al. Fuzzy Restricted Boltzmann Machine for the Enhancement of Deep Learning[J]. IEEE Transactions on Fuzzy Systems, 2015, 23(6):2163-2173.

[33] Chen C L P, Wang J, Wang C H, et al. A New Learning Algorithm for a Fully Connected Neuro-Fuzzy Inference System[J]. IEEE Transactions on Neural Networks & Learning Systems, 2014, 25(10):1741-1757.

[34] Chen C L P, Wan J Z. A rapid learning and dynamic stepwise updating algorithm for flat neural networks and the application to time-series prediction[J]. IEEE Transactions on Systems Man & Cybernetics, 2002, 29(1):62-72.

后 记

笔者很荣幸地接受了电子工业出版社计算机图书出版分社（即博文视点）张国霞编辑的邀请，组织了"机器视觉与类脑智能丛书"的撰写，本书属于该丛书中的一本。不同于理论专著系列的丛书，我们对机器视觉与类脑智能丛书的定位是面向"零基础"的初学者，因为他们更需要也更渴望得到帮助和引导。

"机器视觉与类脑智能丛书"主要涉及人脸识别（基于 MATLAB）、视觉测量（基于 MATLAB、C++）、视频图像处理（基于 OpenCV）、机器人导航与控制（侧重于 SLAM）、无人驾驶智能辅助系统（侧重于机器视觉）等 5 个热门方向，以算法思想及编程技巧为导向，逐步引导、帮助读者在最短的时间内完成从零到进阶再到实战的技术成长。

人脸识别作为当今科技领域的高精尖技术，其专业理论的复杂度可想而知！不仅如此，人脸识别的算法模型体系也非常庞大，编程人员很容易纠结于对算法的取舍。笔者在中科院主持"西部之光"项目期间积累了一些经验和认识，也走过很多弯路，并将其分享在本书中，希望读者可以快速入门，避免走重复的弯路。读者在阅读本书的过程中，也可以感受到笔者是如何一步一步地积累人脸识别的专业基础和编程基础的。

在撰写本书的过程中，作者参阅了大量的英文文献（篇幅有限，未全列出），尝试把经典算法和前沿算法用最简单的语言整合起来，然后再用最通俗易懂的方式展现给大家！无需专业基础，您也可以很快看完，轻易实现从零到进阶！我们真诚地希望这本书能够成为您进入人脸识别领域的快捷方式，真诚地希望看到更多的人通过阅读本书获得进步的乐趣！

希望大家继续关注"机器视觉与类脑智能丛书"的后续进展。

"机器视觉与类脑智能丛书"总编　王文峰

2018 年 1 月